조민주 지음
진주교육대학교 초등교육과를 졸업하고 초등학교 교사로 일하면서 어린이들과 함께 환경에 대한 고민을 나누었습니다. 이후 서울교육대학교 교육전문대학원에서 환경·지속가능발전교육을 공부했습니다. 현재는 교사를 그만두고 농사를 지으며, 식생활교육과 환경교육을 중심으로 다양한 곳에서 교육하고 있습니다. 앞으로 사람들에게 쉽고 재미있게 환경 지식과 실천 방법을 알려 주고 싶습니다.

윤순진 감수
서울대학교 사회학과를 졸업하고 숙명여고에서 정치경제와 사회문화를 가르쳤습니다. 4년의 교사 생활 이후 미국 델라웨어대학교에서 도시행정과 공공정책 석사학위, 환경에너지정책 박사학위를 받았습니다. 그리고 서울시립대 행정학과를 거쳐 서울대학교 환경대학원과 협동과정 환경교육 전공에서 학생들을 가르치고 있습니다. 환경부 지속가능발전위원회 위원장과 대통령 직속 2050 탄소중립녹색성장위원회 초대 위원장을 역임하였습니다.

끌레몽 그림
한국에서 태어나 프랑스 남부의 시골 마을로 입양되어 자랐습니다. 온종일 숲과 들로 뛰어다니며 동물과 곤충을 관찰하고 혼자만의 도감을 만들기도 했습니다. 그러다 보니 몸이 튼튼해지고 그림 그리는 일이 점점 좋아졌습니다. 지금은 한국에 돌아와 열심히 그림을 그리며 살고 있습니다.

어린이가 진짜로 궁금했던 환경 이야기
초등학생 환경 궁금증 100

지은이 조민주 | **그린이** 끌레몽
펴낸이 정규도 | **펴낸곳** ㈜다락원

초판 1쇄 발행 2025년 3월 31일
　　　2쇄 발행 2025년 10월 17일

편집장 최운선
편집 임유리
디자인 부가트 디자인

다락원 경기도 파주시 문발로 211
내용문의 (02)736-2031 내선 273
구입문의 (02)736-2031 내선 250~252
Fax (02)732-2037
출판등록 1977년 9월 16일 제406-2008-000007호

Copyright ⓒ 2025, 조민주

저자 및 출판사의 허락 없이 이 책의 일부 또는 전부를 무단 복제·전재·발췌할 수 없습니다.
구입 후 철회는 회사 내규에 부합하는 경우에 가능하므로 구입문의처에 문의하시기 바랍니다.
분실·파손 등에 따른 소비자 피해에 대해서는 공정거래위원회에서 고시한 소비자 분쟁 해결 기준에 따라 보상 가능합니다. 잘못된 책은 바꿔 드립니다.

ISBN 978-89-277-4814-4 73530

http://www.darakwon.co.kr
다락원 홈페이지를 통해 인터넷 주문을 하시면 자세한 정보와 함께 다양한 혜택을 받으실 수 있습니다.

다락원 유아 어린이 블로그로 놀러 오세요.

어린이가 진짜로 궁금했던 환경 이야기

초등학생 환경 궁금증 100

조민주 지음
윤순진 감수
끌레몽 그림

다락원

"미래의 지구를 이끌어 갈
친구들 모두 모여라!"

기후 변화, 멸종 위기 동물, 해수면 상승, 탄소 중립, 온실가스…….
수업을 듣거나 뉴스를 볼 때 이런 단어들이 등장하면
무슨 뜻인지 궁금하지 않았니?

기후 위기가 심각해지면서 환경에 대해 많이 이야기하고 있어.
아마 이런 이야기들을 들으면서 궁금한 점이 많았을 거야.
그래서 『초등학생 환경 궁금증 100』은 환경에 대해 가지고 있었던
궁금증을 시원하게 해결해 줄 예정이야.
그리고 미래에 푸른 지구를 이끌어 갈 어린이들이라면
꼭 알고 있어야 할 내용이 담겨 있어.

이 책에 담긴 질문들을 하루에 한 쪽씩 읽으면서
환경에 대해 알아보고 환경 보호를 직접 실천해 보자.
우리 다 같이 건강한 지구의 미래를 만들어 가는 거야!

2025년 3월
조민주

함께라면
할 수 있어!

차례

001 | 기후	지구가 더워진다는데 겨울은 왜 추울까?	12
002 | 탄소	인간은 언제부터 이산화 탄소를 측정했을까?	13
003 | 탄소	이불처럼 지구를 따뜻하게 하는 기체가 있다고?	14
004 | 기후	바닷물의 높이가 점점 올라간다고?	16
005 | 쓰레기	물티슈는 변기에 버리면 안 된다고?	18
006 | 탄소	온실 효과는 누가 발견했을까?	19
007 | 탄소	온실가스가 원래는 소중한 존재였다고?	20
008 | 에너지	냉장고 문은 왜 빨리 닫아야 할까?	21
009 | 쓰레기	우리가 버리는 쓰레기는 어디로 갈까?	22
010 | 생태계	안 먹는 약을 그냥 버리면 안 된다고?	23
011 | 쓰레기	음식물 쓰레기는 어디로 갈까?	24
012 | 에너지	탄소를 가장 많이 배출하는 에너지원은 무엇일까?	26
013 | 음식	음식에 물 발자국이 있다고?	27
014 | 생활	게임을 하거나 동영상을 보기만 해도 탄소가 발생한다고?	28
015 | 기후	공룡시대에는 남극에 숲이 있었다고?	30
016 | 음식	우리나라 사과를 먹을 수 없게 된다고?	31
017 | 기후	지구의 기온이 계속 오르면 어떻게 될까?	32

018 | 탄소	탄소 중립이란 무엇일까?	34
019 | 생활	아이돌 팬들이 탄소 중립을 요구했다고?	36
020 | 탄소	내가 뀐 방귀는 언제 사라질까?	38
021 | 탄소	방귀에도 세금이 붙는다고?	39
022 | 생활	샤워기만 바꿔도 물을 아낄 수 있다고?	40
023 | 에너지	전등만 바꿔도 지구에 도움이 된다고?	41
024 | 생활	형광등 때문에 별을 보기 어렵다고?	42
025 | 생태계	도도새는 왜 멸종했을까?	43
026 | 에너지	석유를 많이 사용하면 문제가 생긴다고?	44
027 | 건강	기후 변화로 제2의 코로나19바이러스가 생길 수도 있다고?	45
028 | 생활	기후 변화가 아동 인권을 침해한다고?	46
029 | 기후	기후에도 불평등이 있다고?	47
030 | 생활	미역이 지구를 살린다고?	48
031 | 음식	못난이 농산물은 맛이 없을까?	50
032 | 에너지	페인트만 칠해도 에너지를 줄일 수 있다고?	51
033 | 탄소	텀블러도 많이 사용해야 친환경적이라고?	52
034 | 건강	미세 먼지가 암을 만들 수도 있다고?	53

035 | 에너지	재생 에너지의 종류에는 어떤 것들이 있을까?	54
036 | 음식	지구를 지키는 음식은 무엇일까?	56
037 | 생태계	미세 먼지의 원인이 정말 중국일까?	58
038 | 건강	미세 먼지가 심한 날 창문을 열어도 될까?	59
039 | 탄소	나무가 흡수하는 탄소는 얼마나 될까?	60
040 | 건강	컵라면 용기도 플라스틱이라고?	61
041 | 생태계	왜 우리나라 사람들은 몽골에 나무를 심는 걸까?	62
042 | 음식	빵과 면을 먹기 어려워질 수도 있다고?	63
043 | 에너지	태양광 발전소는 어디에 설치하면 좋을까?	64
044 | 생태계	바다에도 숲과 사막이 있다고?	65
045 | 건강	내 몸에 플라스틱이 있다고?	66
046 | 기후	잠들어 있는 고대 바이러스가 다시 깨어난다고?	68
047 | 음식	동물을 죽이지 않고 고기를 먹을 수 있다고?	69
048 | 생태계	바다 생물이 위험에 처해 있다고?	70
049 | 쓰레기	용기를 낼수록 지구가 웃는다고?	71
050 | 건강	왜 화석 연료가 나쁘다고 할까?	72
051 | 에너지	옥수수가 자동차를 움직일 수 있다고?	73

052 | 기후	기후 위기 때문에 전 세계 과학자들이 모인다고?	74
053 | 생태계	아프리카 코끼리가 떼죽음을 당했다고?	75
054 | 건강	좋은 오존과 나쁜 오존이 있다고?	76
055 | 생활	인구가 100억 명이 되면 어떻게 될까?	78
056 | 기후	투발루 사람들이 집을 잃었다고?	79
057 | 생활	바다 위에 도시가 생긴다고?	80
058 | 생태계	꿀벌이 지구에서 사라진다고?	81
059 | 음식	채식주의자도 먹는 고기가 있다고?	82
060 | 에너지	원자력 발전은 친환경일까?	83
061 | 생활	친환경인 척하는 물건이 있다고?	84
062 | 음식	과자를 먹으면 숲이 사라질 수 있다고?	85
063 | 쓰레기	과자 봉지도 재활용 쓰레기로 버려야 한다고?	86
064 | 건강	화학 물질은 왜 위험할까?	87
065 | 기후	전쟁이 기후 변화와 관련 있다고?	88
066 | 쓰레기	전자 제품은 버리는 방법이 따로 있다고?	89
067 | 생활	버려진 물이 어떻게 마시는 물로 바뀔까?	90
068 | 생태계	지렁이가 흙을 살린다고?	92

069 | 음식	음식물 쓰레기는 왜 지구를 아프게 할까?	93
070 | 쓰레기	귤껍질은 음식물 쓰레기일까?	94
071 | 에너지	똥으로 가로등을 켤 수 있다고?	95
072 | 쓰레기	쓰레기를 줄이려면 어떻게 해야 할까?	96
073 | 생활	환경을 생각하는 경영 방법이 있다고?	97
074 | 쓰레기	버린 페트병이 다시 새 물건이 된다고?	98
075 | 생활	쓰레기가 작품이 된다고?	99
076 | 건강	가축들이 싼 똥과 오줌 때문에 병에 걸린다고?	100
077 | 생태계	갯벌이 사라지면 바다가 오염된다고?	102
078 | 에너지	바다에서 전기를 만든다고?	103
079 | 탄소	이산화 탄소를 돈으로 사고팔 수 있을까?	104
080 | 생활	돈으로 투표를 할 수 있다고?	106
081 | 쓰레기	가나 강이 옷으로 뒤덮였다고?	107
082 | 쓰레기	쓰레기를 수입한다고?	108
083 | 음식	프랑스 마트는 식품을 왜 기부하는 걸까?	109
084 | 건강	소음 때문에 잠을 못 자는 사람이 있다고?	110
085 | 생태계	철새는 왜 우리나라에 머무를까?	111

086 | 기후	나이테로 기후를 알 수 있다고?	112
087 | 생활	나무를 150억 그루나 심은 사람이 있다고?	113
088 | 음식	딸기는 원래 겨울 과일이 아니라고?	114
089 | 기후	눈사람이 사라질 수도 있다고?	116
090 | 생태계	멸종 위기종을 보호하려면 어떻게 해야 할까?	117
091 | 에너지	수소에도 여러 종류가 있다고?	118
092 | 음식	수입산 포도는 왜 환경에 안 좋을까?	120
093 | 건강	건전지에 있는 수은이 생선에도 있을 수 있다고?	121
094 | 쓰레기	바다를 청소하는 로봇이 있다고?	122
095 | 쓰레기	우주에도 쓰레기가 있다고?	123
096 | 에너지	바다에는 왜 풍력 발전소가 많을까?	124
097 | 생활	과학 기술로 기후 변화를 해결할 수 있다고?	125
098 | 음식	우리나라에 식량이 부족해진다고?	126
099 | 생활	지구를 지키는 직업이 있다고?	128
100 | 기후	지구 온난화를 반기는 사람이 있다고?	130

001 기후 | 지구가 더워진다는데 겨울은 왜 추울까?

겨울이 되면 손이 꽁꽁 얼 정도로 날씨가 추운데,
왜 다들 지구가 더워지고 있다는 걸까?
그건 날씨와 기후가 서로 다른 말이기 때문이야.

날씨는 그날그날의 비, 구름, 바람, 기온 같은 기상 상태를 말해.
기후는 오랜 기간의 평균적인 날씨를 뜻하지.

그래서 날씨는 우리가 바로
알아차릴 수 있지만,
기후는 그렇지 않아.

오늘은 비가 와서
많이 춥네. 날씨가
내 기분처럼
변덕스러워.

제 성격처럼 잘 변하지
않던 지구의 기온이
오르고 있습니다.
심각한 기후 변화예요.

날씨는 기분과 닮았고, 기후는 성격과 닮았어.
날씨는 우리의 기분처럼 매 순간 상황에 따라 바뀔 수 있지만,
기후는 성격처럼 잘 변하지 않아.
긴 시간 동안의 날씨를 보고 기후를 판단하기 때문이야.

그럼 기후 변화란 무엇일까? 바로, 평균적인 날씨 상태가 변했다는 뜻이야.
지구는 오랜 기간에 걸쳐 기온이 오르고 있어. 이걸 '지구 온난화'라고 한단다!

지구 온난화의
가장 큰 이유는
사람 때문에 생기는
온실가스야!

002 인간은 언제부터 이산화 탄소를 측정했을까?

모든 생명체를 구성하는 탄소.
이 탄소 원자 2개와 산소 원자 1개가 만나서 이산화 탄소가 돼.
이산화 탄소는 누가, 언제부터, 왜 측정했을까?

'찰스 킬링'이라는 대기과학자는 대기 중의 이산화 탄소가 많아지는 것과
화석 연료를 많이 사용하는 것이 서로 관련 있는지 확인하기 위해서
이산화 탄소를 측정할 수 있는 적외선 기체 분석 장치를 개발했어.
그리고 대기의 상태를 정확하게 확인할 수 있는
미국 하와이의 마우나 로아 산 꼭대기에서
1958년부터 2005년까지 이산화 탄소 농도를 측정했지.

측정해 본 결과, 이산화 탄소의 양이 점점 증가한다는 사실을 알아냈어.
화석 연료를 많이 사용하면서 많아진 이산화 탄소를 바다가 모두 흡수하지 못해
대기 중에 남게 되는 이산화 탄소가 늘어난 거야.
그리고 대기 중 이산화 탄소는 나무가 광합성을 많이 하는 여름엔 줄어들고
광합성을 적게 하는 겨울엔 더 늘어난다는 사실도 알아냈어.

이후 다른 과학자들에 의해 이산화 탄소의 농도가 증가하면
지구의 평균 온도가 높아진다는 사실이 밝혀졌단다.

이산화 탄소의 평균 농도가 매년 꾸준히 증가하고 있구나!

CO² 탄소 003 이불처럼 지구를 따뜻하게 하는 기체가 있다고?

이불을 덮고 있으면 이불 안의 공기가 따뜻해지지?
이불이 두꺼울수록 열을 잘 막기 때문에 더 따뜻하잖아.
이산화 탄소도 많아지면
지구가 점점 더 더워지게 돼.

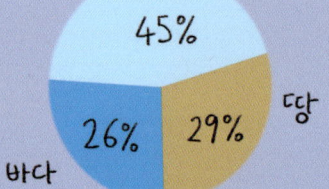

이산화 탄소는 대기를 이루는 기체 중 하나야.
태양 에너지를 받을 때는 지구로 들어오게끔 통과시키지만,
반사되어 나가려고 하는 지구 복사 에너지는 붙잡아 두기 때문에
지구 대기를 따뜻하게 만들어.

사람이나 공장으로부터 이산화 탄소가 배출되면
그중 26%는 바다가 흡수하고 29%는 식물이나 흙 같은 육상 생태계가 흡수해.
나머지 45%는 대기 중에 남아 기후 변화를 일으키는 원인이 되지.

바다는 시원하면 이산화 탄소를 많이 흡수할 수 있어.
그런데 최근에는 지구 온난화로 바닷물이 따뜻해져서
이산화 탄소가 흡수되지 못하고 다시 대기로 증발한다고 해.
나무와 땅도 이산화 탄소를 많이 흡수할 수 있지만
이산화 탄소 배출량이 늘어나면서 흡수 속도가 배출량을 따라가지 못한대.
그래서 이산화 탄소가 대기 중에 점점 쌓이고 있는 거지.

이렇게 이산화 탄소가 대기 중에 쌓이면 지구는 계속 더워지고,
더워지면 바다와 땅에서 이산화 탄소를 흡수하지 못하고,
그러면 날씨는 또 계속해서 더워져. 이런 현상을 '양성 되먹임 현상'이라고 한단다.

004 바닷물의 높이가 점점 올라간다고?

제주도의 유명한 관광지인 용머리 해안은 갈 수 있는 날이 점점 줄어들고 있어.
해수면이 상승해서 가끔 해안이 잠기기 때문이지. 해수면은 왜 상승하는 걸까?

왜냐하면 북극의 빙하가 녹고 있기 때문이야.
매년 100,000km^2 정도의 빙하가 녹고 있대. 이 크기는 무려 남한 땅의 크기와 비슷하지!

바다 위의 '빙산'은 녹아도 해수면에 큰 영향을 미치지 않아.
빙산은 자기 무게만큼 바닷물을 밀어내고 부피를 차지하기 때문이지.
그래서 녹아도 '녹은 물의 부피'와 '밀어내고 있었던 물의 부피'가
같기 때문에 해수면이 높아지지 않아.

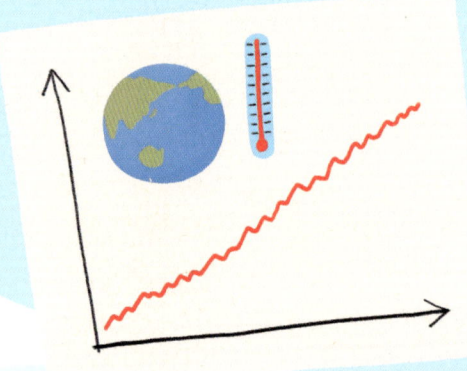

우리나라 평균 기온이 109년 동안 1.6°C나 올랐대.

맞아. 그리고 우리나라 해수면은 1989년부터 2022년까지 약 10cm나 높아졌대.

대륙 빙하

16

문제는 북극과 남극의 육지를 덮고 있는 얼음인 '빙하'가 녹는 거야.
빙하가 녹으면 녹은 물이 바다로 들어가서 해수면이 높아져.
그래서 근처에 살고 있는 사람들은 집이 물에 잠겨 기후 난민이 될 가능성이 높아.
그리고 빙하는 지구 복사 에너지를 반사해 주는 역할을 하는데,
빙하가 줄어들면 반사하는 열도 적어져서 지구 온난화가 가속화된단다.

대륙 빙하와 산악 빙하가 녹으면서 해수면 상승이 빨라지고 있는 거야.

산악 빙하

005 물티슈는 변기에 버리면 안 된다고?

혹시 물티슈를 자주 사용하니?
화장실에서 물티슈를 사용했을 때는 절대 변기에 버리면 안 된다고 해.

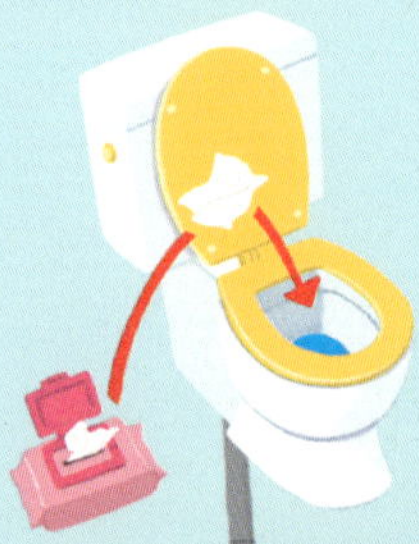

우리가 보통 사용하는 휴지는 물에 녹으면 풀어지지?
하지만 물티슈는 물에 젖어도 풀어지지 않아.
휴지는 종이로 만들어졌지만, 물티슈는 플라스틱으로 만들어졌거든.
플라스틱으로 만든 물티슈는 썩지 않기 때문에 하수구 배관을 막히게 해.
기름과 만나면 '팻버그'가 형성되기도 한단다.
그래서 물티슈는 절대 변기에 버리면 안 돼.

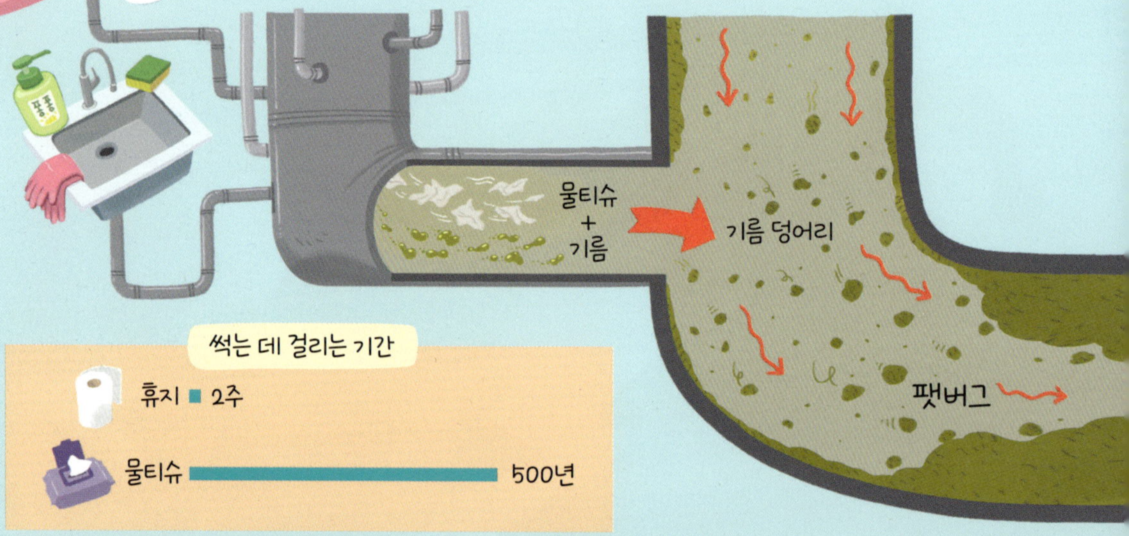

썩는 데 걸리는 기간
- 휴지 ■ 2주
- 물티슈 ━━━━━━━ 500년

물티슈가 바다로 가면 어떻게 될까?
물에 녹지 않은 물티슈는 오랜 시간이 지나 아주 작은 미세 플라스틱 조각이 돼.
바다 생물은 플라스틱으로 만든 물티슈를 먹이로 착각해서 먹게 될 수도 있지.
그래서 물티슈를 꼭 써야 한다면 식물 섬유로 만들어 잘 썩는 생분해성 물티슈를 쓰는 것이 더 좋아.
무엇보다 휴지나 재사용이 가능한 손수건을 쓰는 것이 가장 좋겠지?

온실 효과는 누가 발견했을까?

CO_2 탄소 006

온실가스가 지구 밖으로 나가는 열을 잡아 둬서
대기를 더 덥게 데우는 것을 온실 효과라고 해.
온실 효과를 처음으로 발견한 사람은 누구일까?

온실 효과의 개념은 프랑스의 과학자 조셉 푸리에가 1822년에 가장 먼저 제시했어.
지구의 실제 온도가 태양이 주는 에너지의 온도보다 더 높아서
지구의 대기에 태양열이 머무르고 있을 것이라는 이론을 주장했어.

1896년, 스웨덴의 과학자 스반테 아레니우스는
이산화 탄소가 대기에 열을 가두어 온도를 높인다고 주장했어.
그리고 온실가스라는 단어를 최초로 사용하면서 지구를 하나의 '온실'에 비유했지.

그 당시에는 지금보다 평균 기온이 낮았기 때문에,
온실 효과로 지구의 기온이 오르면 곡물이 많이 생산돼서
인류가 풍요로워질 것으로 예측했단다. 신기하지?

지구 대기에
태양열이 머무는 것 같아.

이산화 탄소가 대기에
열을 가두는구나!
이게 바로 온실 효과네.

007 온실가스가 원래는 소중한 존재였다고?

온실가스가 지구를 덥게 하고 인류의 생존을 위협한다는 말 들어봤니?
그러면 온실가스는 처음부터 나쁜 존재였을까?

이산화 탄소 같은 온실가스는 태양 에너지의 일부를 흡수해서
지구를 따뜻하게 만들어.

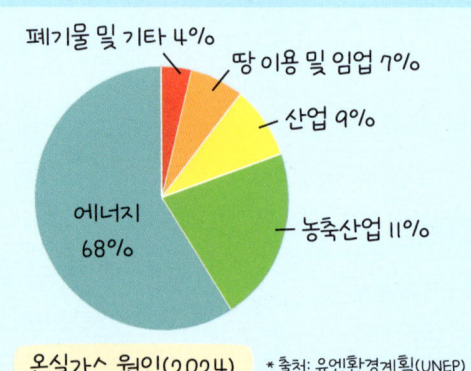

온실가스 원인(2024) *출처: 유엔환경계획(UNEP)

온실가스를 만드는 원인으로 에너지가 제일 높은 이유는 다양한 분야의 에너지가 포함돼서 그래.

이걸 온실 효과라고 불러.
온실 효과가 없었다면 지구는 훨씬 추워서
생명체가 살기 힘들었을 거야.
그래서 온실가스는 원래 소중한 존재였어.

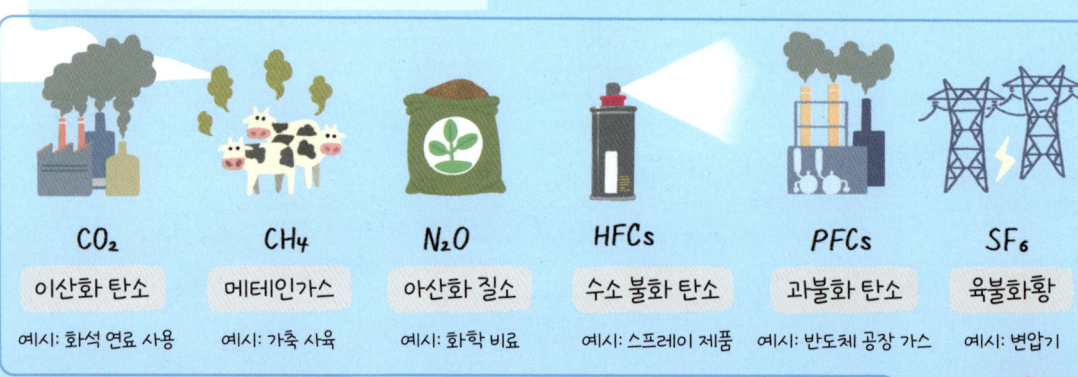

CO_2	CH_4	N_2O	HFCs	PFCs	SF_6
이산화 탄소	메테인가스	아산화 질소	수소 불화 탄소	과불화 탄소	육불화황
예시: 화석 연료 사용	예시: 가축 사육	예시: 화학 비료	예시: 스프레이 제품	예시: 반도체 공장 가스	예시: 변압기

NF_3
삼불화 질소
예시: 반도체 세정제

옛날에는 대기 중에 온실가스가 자연적으로 생기고 흡수되면서
농도가 일정하게 유지되었어.
이에 따라 온실 효과도 일정하게 작용해서
지구의 평균 온도가 안정적으로 유지되었지.

하지만 산업화 이후로 화석 연료나 산업 활동 때문에 나오는
이산화 탄소, 메테인가스, 아산화 질소, 수소 불화 탄소, 과불화 탄소, 육불화황,
삼불화 질소 같은 온실가스가 많아지면서 대기가 빠르게 더워졌어.
이렇게 생긴 지구 온난화 때문에 큰 피해들이 발생하고 있어서
온실가스가 나쁜 것으로 인식되고 있는 거야.

008 냉장고 문은 왜 빨리 닫아야 할까?

냉장고 문을 오래 열고 있다가 부모님께 잔소리를 들은 적이 있을 거야.
전기 요금이 많이 나오기 때문이지.
그런데 냉장고 문을 오래 열면 지구에도 안 좋다고 해.

냉장고 속에는 더운 공기를 시원하게 만들어 주는 가스 형태의 냉매가 돌아다녀.
최근에는 주로 수소 불화 탄소로 만든 냉매를 쓰는데
이산화 탄소에 비해 수천 배의 온실 효과를 일으킨대.
그래서 이산화 탄소로 만든 냉매를 개발하고 있지.

냉장고를 오래 열어 두면 냉장고는 온도를 시원하게 유지하기 위해
압축기로 냉매를 움직이게 하는데, 이때 전기가 많이 필요해.
화석 연료로 만든 전기를 사용하는 경우에는
그만큼 화석 연료를 많이 사용하게 되겠지?
그러면 온실가스가 더 많이 배출돼서 온실 효과를 높이게 되는 거야.

그러니까 냉장고를 열 때는 필요한 물건만 꺼내고
바로 닫는 습관을 길러야 해!

	수소 염화 불화 탄소 (프레온 가스)(1세대)	수소 불화 탄소 (2세대)	이산화 탄소 (3세대)
오존층 파괴 영향	높음	없음	없음
지구 온난화 영향	높음	높음	중간

쓰레기 009 우리가 버리는 쓰레기는 어디로 갈까?

우리나라에서는 쓰레기가 하루에 약 50만 t(톤)씩 버려지고 있대.
한 사람당 1kg씩 버리는 셈이야.
이렇게 많은 쓰레기는 다 어디로 가는 걸까?

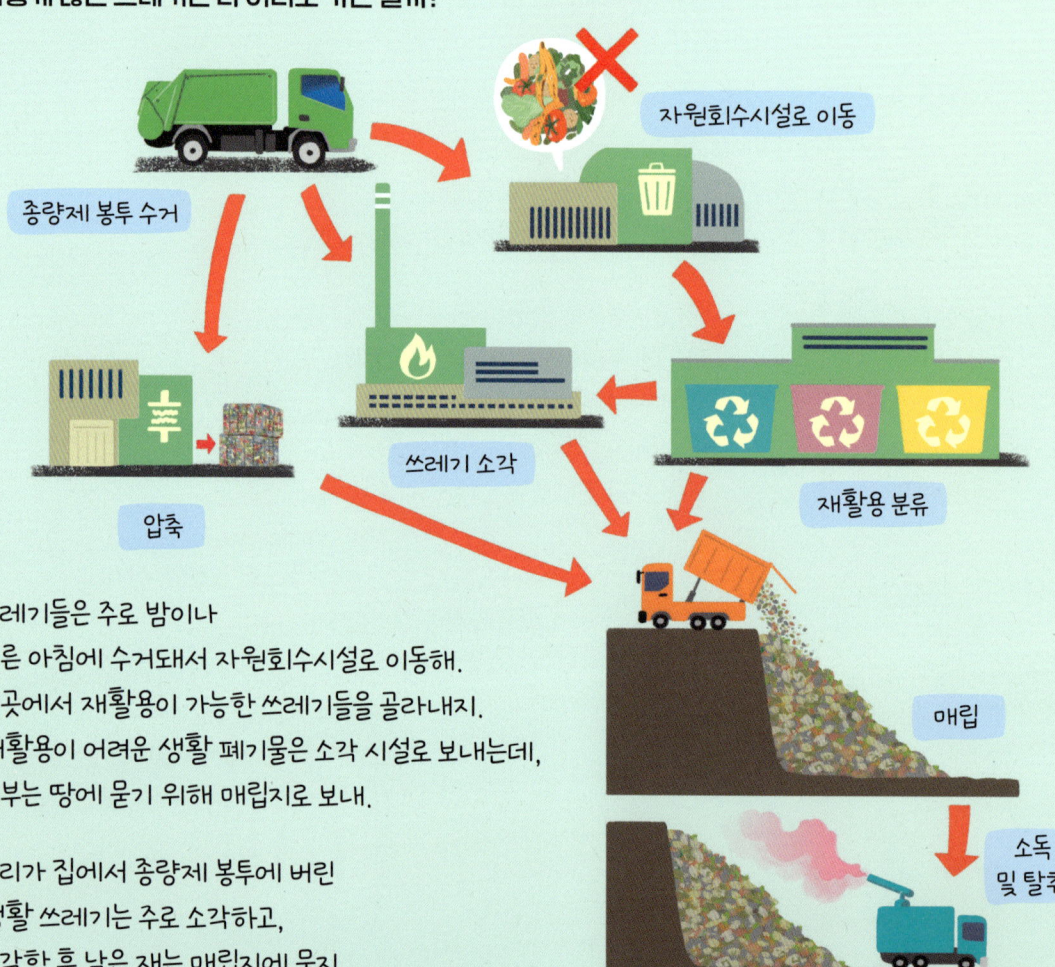

쓰레기들은 주로 밤이나
이른 아침에 수거돼서 자원회수시설로 이동해.
이곳에서 재활용이 가능한 쓰레기들을 골라내지.
재활용이 어려운 생활 폐기물은 소각 시설로 보내는데,
일부는 땅에 묻기 위해 매립지로 보내.

우리가 집에서 종량제 봉투에 버린
생활 쓰레기는 주로 소각하고,
소각한 후 남은 재는 매립지에 묻지.

생활 폐기물	산업 폐기물
가정, 학교 등 일상생활에서 버려지는 폐기물 (휴지, 물티슈, 빨대, 과자 봉투, 일반 쓰레기 등)	병원이나 공사 현장 등에서 버려지는 폐기물 (메스, 바늘, 콘크리트, 벽돌, 폐휴대폰 등)

매립지에서는 재활용이 어려운
생활 폐기물과 재를 층층이 쌓은 다음,
살균 소독과 탈취 처리를 하고
흙이나 모래를 덮어 마무리한단다.

생태계 010 안 먹는 약을 그냥 버리면 안 된다고?

모두 감기에 걸려 본 적 있지? 감기가 빨리 나아서 약이 남을 때가 있잖아.
이렇게 더 이상 먹지 않고 남은 약을 폐의약품이라고 해.
그런데 폐의약품은 종량제 봉투에 그냥 버리면 안 된대.

폐의약품을 종량제 봉투에 버리면
종량제 봉투를 땅에 묻는 과정에서 흙 또는 하천으로 흘러 들어가거나,
태우는 과정에서 유해한 화합물들이 공기 중으로 나와
생태계에 나쁜 영향을 끼칠 수 있기 때문이야.
그러면 여러 동식물의 번식과 성장에 문제가 생기고
심할 경우 약에 중독되거나 죽게 되기도 한단다.

그래서 폐의약품은 반드시 전용 수거함에 버려야 해.
보건소, 주민 센터, 근로 복지 공단, 근처 약국에서 수거함을 찾을 수 있지.
우리 모두의 안전을 위해 물약, 가루약, 알약 모두
안전하고 바르게 버려 주길 바라!

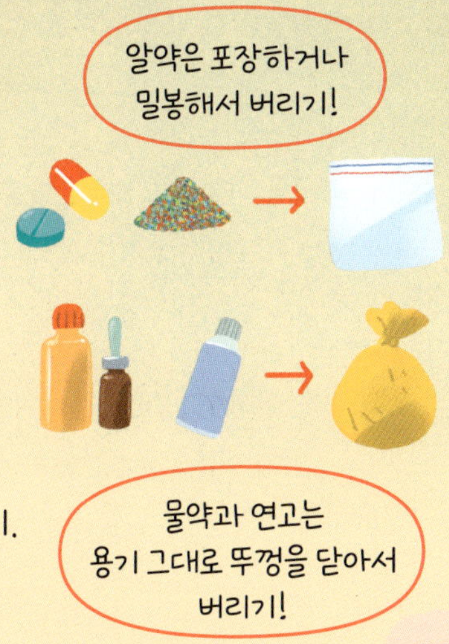

알약은 포장하거나 밀봉해서 버리기!

물약과 연고는 용기 그대로 뚜껑을 닫아서 버리기!

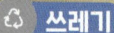 쓰레기

011 음식물 쓰레기는 어디로 갈까?

음식물 쓰레기는 일반 쓰레기가 아니기 때문에 그냥 버리면 안 돼.
그렇다면 따로 버린 음식물 쓰레기는 어디로 가는 걸까?

보통 재활용하거나 태워서 처리해.
재활용하는 경우에는 크게 사료, 퇴비, 바이오가스가 될 수 있어.

사료로 만들려면 먼저 음식물 쓰레기와 음식물 쓰레기가 아닌 것을 분류해.
분류한 음식물 쓰레기를 잘게 부수고 이물질을 빼기 위해 한 번 더 자동으로 골라내지.
골라낸 음식물 쓰레기는 압축하고 물기를 빼서 가열하고 건조해.
그렇게 고운 가루가 되어서 사료로 재탄생한단다.
하지만 이 과정에 에너지가 사용되기 때문에
되도록 음식물 쓰레기를 줄이는 게 좋아.

퇴비로 만들려면 음식물 쓰레기를 가져온 뒤,
36일 동안 물기를 빼서 건조하고 발효하는 퇴비화 과정을 진행해.
건조하는 과정에 톱밥을 조금 섞고 미생물을 첨가해서 퇴비를 만들지.

최근에 관심을 받는 처리 방법은 음식물 쓰레기를 분해하면 나오는 가스를 사용하는 거야.
이 가스는 메테인가스, 이산화 탄소, 황화 수소 등으로 구성되어 있어.
이 중에 이산화 탄소와 황화 수소를 없애서 바이오가스를 만들지.
이 바이오가스는 열에너지로 변환해서 난방에 사용하거나,
전기 에너지로 변환해서 가정용이나 산업용으로 활용해.
바이오가스를 압축하면 자동차나 비행기 연료로도 사용할 수 있단다.

이렇게 음식물 쓰레기를 재활용할 수 있는 건 다행이지만, 재활용해서 만든 자원이 남는다는 게 문제야.
사료와 퇴비의 경우에는 인기가 없고 농사를 짓는 곳이 줄어들면서 점점 남아돌고 있대.
그래서 최대한 음식물 쓰레기를 줄이는 게 좋아.
밥을 먹을 때는 먹을 만큼만 받아서 먹고 남기지 않는 게 좋겠지?

012 탄소를 가장 많이 배출하는 에너지원은 무엇일까?

석탄은 산업 혁명 때부터 주요 에너지원으로 자리 잡았어.
저렴한 비용으로 에너지를 만들어 사람들의 생활을 편리하게 만들었지.

석탄을 너무 많이 사용해서 건강이 나빠지는 것 같아!

하지만 석탄은 치명적인 단점을 가지고 있어.
이산화 탄소를 많이 발생시켜서 지구 온난화에 가장 큰 영향을 미쳤다는 점이지.

석탄을 태우면 중금속을 포함한 연기와 미세 먼지가 많이 발생해.
그래서 사람들에게 호흡기 질환을 비롯한 여러 질병을 일으킬 수 있어.

또, 석탄을 캐는 과정에도 큰 문제가 있어.
석탄을 캐기 위해서는 땅을 파야 하는데
주로 산에 묻혀 있어서 나무를 많이 베기도 한대.
그래서 생태계가 파괴되고 동물들이 살아가는 터전을 잃기도 한단다.

이처럼 석탄은 여러 문제가 많아서
점점 이용률이 줄어들 거야.
석탄 대신 깨끗한 친환경 재생 에너지를
사용하는 시대가 오길 기대해 보자!

013 음식에 물 발자국이 있다고?

사과, 빵, 옥수수 등 우리가 먹는 음식을 만들기 위해서 엄청난 양의 물이 사용되고 있어.
눈에 보이지는 않지만 물을 사용한 것이 마치 지나온 발자국 같다고 해서
'물 발자국'이라고 한단다.

음식이나 물건을 살 때 우리는 단순히 그 물건만 소비하는 게 아니야.
물건을 만들고 유통하고 사용하기까지,
우리가 모르는 사이에 많은 양의 물도 함께 소비하고 있지.

예를 들어, 돼지고기를 만들기 위해서는
대량의 물로 곡물을 키우고 사료를 만들어서 돼지를 길러.
이후에 도축, 포장, 유통, 조리하는 모든 과정에서도 물이 사용되지.
이렇게 돼지고기를 만드는 데 사용된 모든 물의 양이
돼지고기의 물 발자국이란다.

물 발자국이 커질수록 지구의 부담이 커진대.
그래서 물 발자국이 큰 음식을 줄여야 해.

초콜릿	소고기	양고기	돼지고기	버터	닭고기	치즈	쌀
17,196L	15,415L	10,412L	5,988L	5,553L	4,325L	3,178L	2,497L

음식의 물 발자국(1kg당) *출처: 물 발자국 네트워크(WFN)

물 발자국은 인권과도 큰 관련이 있어.
여러 나라에 공장이 있는 기업에서 콜라같은 음료수를 만들 때마다
만드는 지역의 물이 말라 버리고 있어서 지역 주민들이 피해를 보고 있대.
그래서 우리가 선택하는 음식 때문에 물이 많이 사용되고 있고,
피해를 보는 국가와 국민이 있다는 것을 기억해야 해.

생활 014 게임을 하거나 동영상을 보기만 해도 탄소가 발생한다고?

요즘 재밌는 게임을 하거나, 동영상 또는 음악 스트리밍 서비스를 즐기는 친구들이 많을 거야.
이때 전기가 사용되면서 나오는 탄소의 양을 '디지털 탄소 발자국'이라고 하지.
온라인 활동을 많이 해서 디지털 탄소 발자국이 많아질수록 지구가 더워질 수도 있대.

- 인터넷 검색 10회 : 2g CO_2
- 메일 한 통 : 4g CO_2
- 첨부 파일이 있는 메일 한 통 : 50g CO_2
- 1시간 게임 : 25g CO_2
- 1시간 음악 감상 : 55g CO_2
- 1시간 통화 : 216g CO_2
- 1시간 고화질 동영상 감상 : 400g CO_2

지구가 더워지는 이유는 '데이터 센터'와 큰 관련이 있어.
우리가 검색할 때, 동영상을 볼 때, 음악을 재생할 때, 이메일을 보낼 때는
모든 데이터가 데이터 센터로 들어오고 나가게 돼.
데이터 센터가 일을 하면 막대한 전기 에너지가 사용되고 열이 발생하는데,
365일 멈추는 순간이 없어서 열을 식혀 주는 냉각 시스템이 필수야.
이 냉각 시스템도 전기를 많이 사용하기 때문에 이산화 탄소가 발생하지.
요즘은 편리한 인공지능 서비스가 늘어나면서 전기를 더 많이 사용하고 있대.

이런 상황을 해결하기 위해 오히려 인공지능 서비스로 에너지 사용을 줄이는 방법을 찾고 있어. 기업은 재생 에너지로 만든 전기 사용을 늘리고 깊은 바닷속이나 시원한 산속에 데이터 센터를 설치하고 있지. 그리고 냉각 기술을 열심히 개발하고 있어. 더 나아가 데이터 센터에서 발생하는 열을 난방에 활용하는 등 재활용을 통해 에너지가 낭비되지 않도록 하고 있단다.

✓ 북마크 또는 즐겨찾기 하기
✓ 오래된 이메일, 필요 없이 저장된 동영상 지우기
✓ 스마트폰 다크 모드 또는 절전 모드 하기
✓ 게임하기, 음악 듣기, 동영상 보기는 정해진 시간만!

015 공룡시대에는 남극에 숲이 있었다고?

남극이라고 하면 얼음이나 추위 같은 것들이 먼저 떠오르지?
하지만 놀랍게도 9,000만 년 전의 남극은 하얀 대지가 아니라 푸른 숲이었대!

그 이유는 당시 남극의 이산화 탄소 농도가 지금보다 3~4배나 높았기 때문이야.
그렇게 되면 남극에 얼음이 없어지고 따뜻한 온대 지방으로 바뀐다고 해.
그만큼 이산화 탄소가 지구를 더워지게 하는 데 큰 역할을 하는 거야.

실제로 지구 역사상 가장 더웠던 시기 중 하나인
중생대 백악기(1억 5,000만 년 전)에는
남극에 식물이 살았어. 산소가 너무 풍부해 산불도 일어났단다.

열대 지방에서는 바다 표면의 온도가 35°C에 가까웠고,
해수면이 지금보다 170m나 높았다고 해.
한반도는 지금처럼 온대 기후가 아닌 아열대 기후였고,
산지를 제외한 대부분의 지역이 물에 잠겨 있었지.

> 나 때는 남극에서 얼음을 찾아볼 수가 없었다고!

이렇게 이산화 탄소가 많아져서 기온이 오르면 생물이 살기 어려워져.
옛날에는 자연 현상이었지만 지금은 상황이 많이 달라.
그래서 우리가 이산화 탄소 같은 온실가스를 배출하지 않기 위해
노력해야 한단다.

음식 016 우리나라 사과를 먹을 수 없게 된다고?

과일은 저마다 잘 자랄 수 있는 온도와 지역이 있어.
그런데 지구가 점점 더워지면서 과일을 키우는 지역이 바뀌고 있대.
앞으로 우리나라 사과를 보기가 어려워진다는데 사실일까?

기후는 크게 열대 기후, 건조 기후, 온대 기후,
냉대 기후, 한대 기후, 고산 기후로 나눌 수 있어.
그중에서도 우리나라는 사계절이 뚜렷한
온대 기후에 속해 있었지.

*출처: 통계청

그런데 이제는 온대와 열대 사이인
아열대 기후에 가까워지고 있어.
8개월이 넘도록 평균 기온이 10°C 이상이면
보통 아열대 기후라고 보고 있어.

레몬과 바나나는
따뜻한 나라에서 자라기 때문에
우리나라에서는 자라지 않았는데,
이제는 우리나라의 제주도와 남부 지방에서
생산하고 있어.

그리고 사과로 유명하던 대구에서는 점차
사과 생산량이 줄어들고 있지.
사과는 이제 위쪽 지방인
경상북도와 강원도 지방에서도 잘 자란대.

이렇게 우리나라의 과일 생산지가 점점 북쪽으로 올라가고 있어.
이대로라면 2090년엔 국내산 사과를 맛볼 수 없을지도 몰라.

017 기후 — 지구의 기온이 계속 오르면 어떻게 될까?

산업 혁명 이후로 2024년 세계 평균 기온은 약 1.55℃ 이상 상승했어.
그래서 물 부족 인구가 점점 늘어나고
집중 호우, 한파, 가뭄 등 이상 현상이 자주 나타나고 있지.
지구가 계속 더워지면 어떻게 될까?

2℃가 오르면 해수면이 7m 상승해 인천 공항과 부산 일부가 물에 잠길 수 있어.
지구의 생물 중 3분의 1이 멸종할 거고
말라리아 같은 여러 감염병에 걸릴 위험도 커지지.

3℃가 오르면 아프리카, 호주, 미국에 사막이 늘어나고
아마존의 열대 우림이 파괴돼.
식량 생산이 어려워서 기아가 늘어나고
지구의 생물 중 절반이 멸종할 거야.

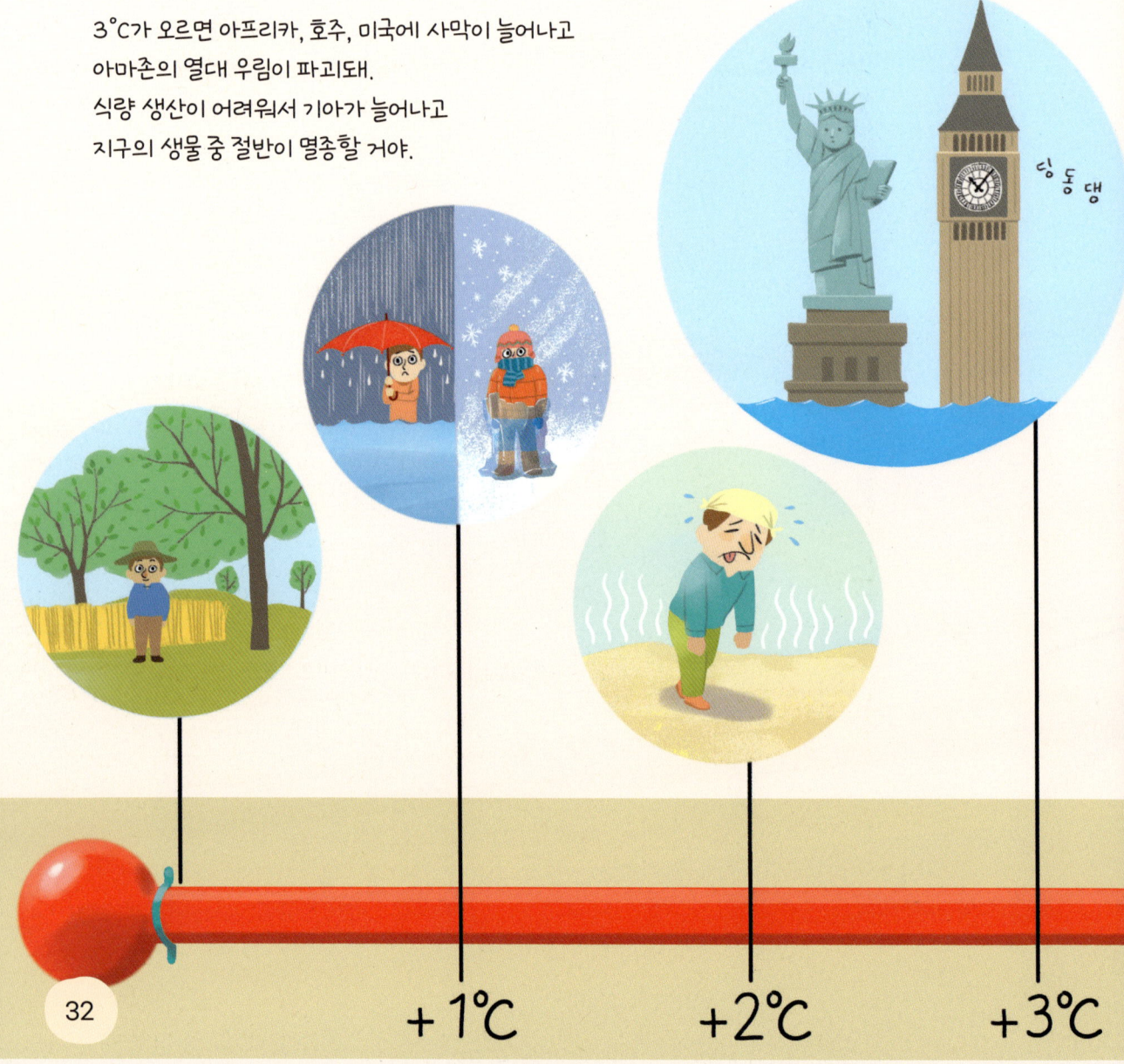

+1℃   +2℃   +3℃

4°C가 오르면 남극과 북극의 빙하가 모두 녹을 거야.
러시아에는 더 이상 눈이 내리지 않고 지구의 얼음이 거의 사라지게 된대.
가뭄은 5배나 늘어나고 바닷가에 사는 3억 명의 사람들이 침수 피해를 겪을 거야.

5°C가 오르면 히말라야산맥의 빙하가 다 녹아 버리고 북극 기온이 20°C나 된대.
집을 잃은 사람이 많아져서 음식과 쉴 곳을 차지하기 위해 경쟁할 거야.
이게 커지면 전쟁이 많이 발생할 수 있단다.

6°C가 오르면 너무 더워서 지구에 살고 있는 대부분의 생물이 살기 어려워지기 때문에
대멸종이 시작될 수도 있대.

상상만 해도 끔찍하지 않니? 그러니까 우리 모두 힘을 모아 이 위기를 극복해야 해!

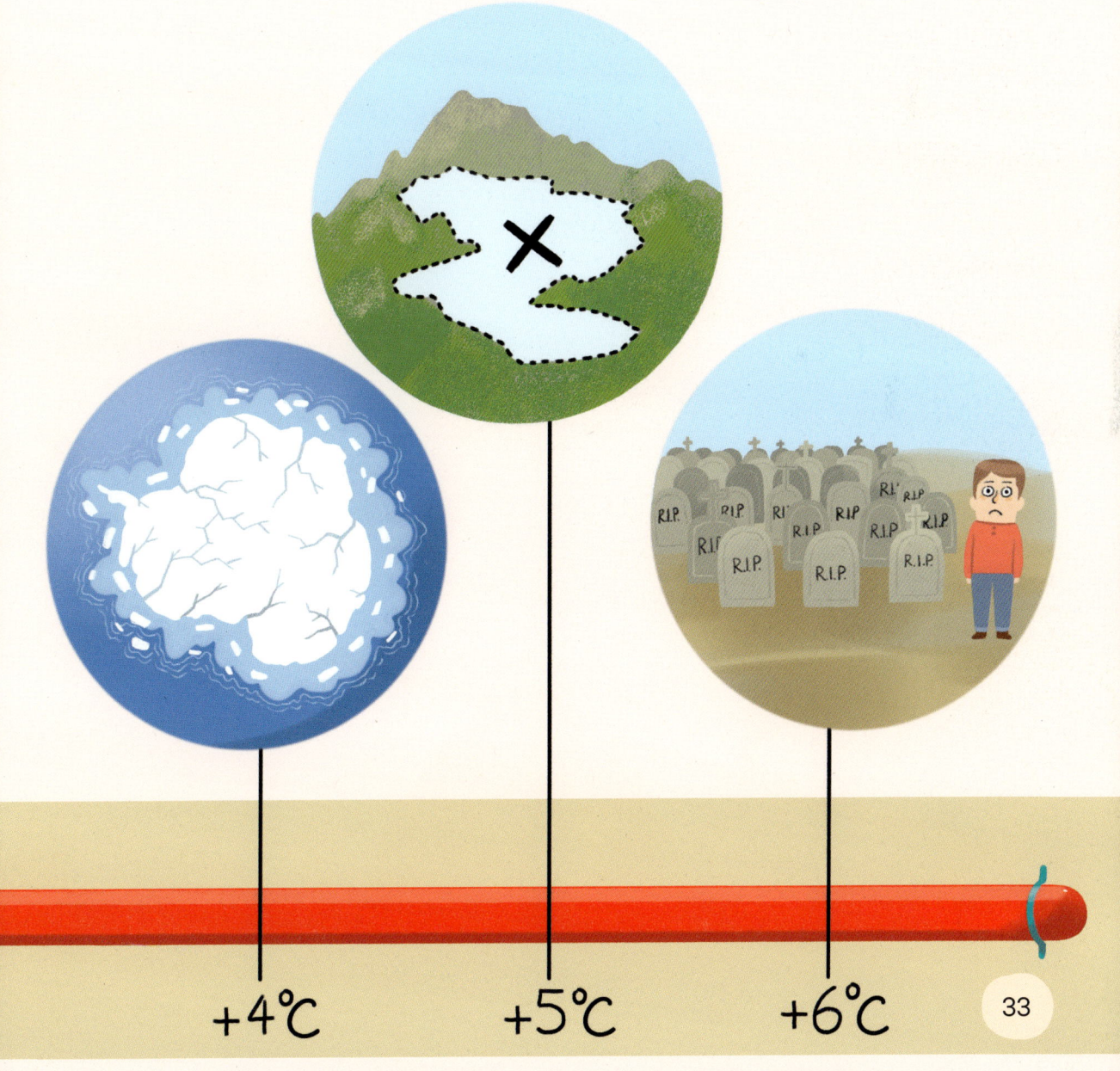

018 탄소 중립이란 무엇일까?

뉴스에서 '탄소 중립'이라는 말을 들어 본 적 있니?
요즘 정말 많이 들리는 단어인데, 제대로 알아볼까?

탄소 중립은 대기에 배출되는 이산화 탄소의 양과
제거되는 이산화 탄소의 양이 같아지는 상태를 말해.

탄소 중립은 왜 필요한 걸까?

산업화 이후부터 이산화 탄소의 배출이 갑자기 많이 늘어나면서
기후 변화가 빨라지고 평균 기온이 점점 올라 생태계가 파괴되고 있어.
동물과 식물들은 원래 서식지에서 살기 어려워진 탓에
이동해야 하는 경우가 많고, 인간들도 살기 힘들어지고 있지.

그래서 이산화 탄소의 배출량을 최대한 줄이고
그래도 배출되는 이산화 탄소는 이산화 탄소를 흡수하는 흡수원을 늘려서
탄소 중립을 이루어야 해.
우리나라는 2050년에 탄소 중립을 이루겠다는 목표로
법을 만들고 여러 분야에서 노력하는 중이야.

우리가 실천할 수 있는 방법도 많아.
물이나 음료수를 마실 때는 텀블러를 사용하는 게 좋아.
장을 볼 때는 꼭 필요한 물건만 사고 장바구니를 사용해.
물건을 버릴 때는 분리배출을 잘 해야 하지.
양치질을 할 때는 물컵을 사용하는 것이 좋고,
전자 제품은 사용한 뒤에
플러그를 뽑아 둬야 해!

발생하는 탄소량   흡수하는 탄소량

35

생활 019

아이돌 팬들이 탄소 중립을 요구했다고?

우리나라를 넘어서 세계적으로 케이팝(K-pop)이 인기지?
그런데 케이팝 산업도 사실은 엄청난 폐기물을 만들어 내면서
환경 오염을 일으키고 있대.

연간 케이팝 관련 폐기물 배출량

- 2017: 55.8t
- 2018: 145.4t
- 2019: 136.1t
- 2020: 225.2t
- 2021: 479t
- 2022: 801.5t

*출처: 환경부

요즘 사람들은 CD보다는 음악 어플로 노래를 들어.
그런데 아이돌 가수의 팬들은 앨범에 포함된 굿즈를 받기 위해 듣지도 않는 CD를 사고 있지.
게다가 무엇이 들어 있는지 모른 채로 사야 하는 '랜덤 뽑기' 형태의 굿즈 때문에
팬들의 필요 없는 소비를 부추겨서 쓰레기가 늘어나고 있어.
국내에서만 해도 앨범 제작에 사용된 플라스틱이
2017년부터 2022년까지 6년 동안 14배나 늘었다고 해.

죽은 지구에 케이팝은 없다!

그래서 국내외 아이돌 팬들이 모여
기후 행동 단체를 만들고 캠페인을 진행하고 있어.
플라스틱 포장과 쓰레기를 줄여 달라고 요구하기 위해
앨범 쓰레기를 모아서 엔터테인먼트 회사에 다시 돌려보냈대.
그리고 디지털 앨범으로 발매해 달라고 요구했지.

아이돌과 관련된 기업에도 목소리를 내고 있어.
아이돌이 모델로 활동하는 브랜드 회사의 기후 대응 점수를 매기기도 했고,
자동차 회사가 석탄 발전소를 짓는 것에 반대하는 캠페인을 하기도 했어.
이 외에도 아이돌의 이름으로 숲을 조성하는 활동을 했대.
정말 대단하지?

석탄 발전소 반대 서명 운동

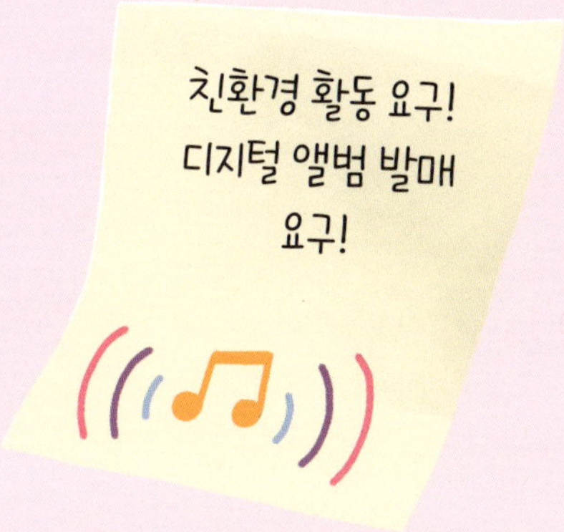

친환경 활동 요구!
디지털 앨범 발매 요구!

기후 대응 점수 56점

팬 일동

그룹 '청춘'의 숲

내가 뀐 방귀는 언제 사라질까?

방귀는 눈에 보이지 않아서 사라진 것 같지만 사실은 사라지지 않고
계속 지구 온난화에 영향을 주고 있어. 방귀는 언제 사라질까?

온실가스가 대기 중에 머무르는 시간 * 출처: IPCC 제6차 평가보고서

온실가스		머무르는 시간
이산화 탄소	CO_2	약 100~300년
메테인가스	CH_4	약 9~12년
아산화 질소	N_2O	약 114년
수소 불화 탄소	HFCs	약 1~270년
과불화 탄소	PFCs	약 2,600~50,000년 이상
육불화황	SF_6	약 3,200년
삼불화 질소	NF_3	약 500년 이상

우리가 뀐 방귀는 10년이 지나야 사라져.
방귀의 여러 성분 중에는 메테인가스가 포함되어 있는데,
메테인가스가 약 10년 정도 머무르다가 사라지기 때문이야.

온실가스들은 대기 중에 머무르는 기간이 다 달라. 그중 메테인가스가 가장 빨리 사라진대.
대기 중에 머무르는 기간이 짧을수록 배출량을 줄였을 때
지구 온난화를 늦추는 효과가 더 빨리 나타난다고 하니까
메테인가스부터 줄이는 것이 가장 좋겠지?

메테인가스가 이산화 탄소보다 지구 온난화에 미치는 영향이 크기 때문에 더욱더 줄여야 해.
그러니까 방귀 외에도 메테인가스를 발생시키는 원인을 찾아서 줄여보도록 하자!

021 방귀에도 세금이 붙는다고?

에스토니아, 아일랜드, 덴마크 등의 나라에서는 소의 방귀에 세금을 물리고 있대.
이 세금을 '방귀세'라고 해.

소와 같이 되새김질하는 동물은 소화를 시킬 때 메테인가스가 생겨나는데,
방귀를 뀌거나 트림을 하면 몸 밖으로 나오게 돼.
사실 이름은 방귀세지만 트림이 90% 이상을 차지할 만큼 트림을 할 때 많이 나온대.
배설물에서도 메테인가스와 아산화 질소가 생겨나지.
이렇게 나오는 메테인가스가 지구 온난화에 많은 영향을 미치기 때문에
세금을 매기는 거야.

> 나는 일 년 동안 18억 +의 방귀를 뀌고 트림을 한다고!

또, 소를 키울 넓은 장소를 만들기 위해 숲을 없애기도 하고,
사료에 넣는 곡식과 채소를 키우기 위해
온실가스가 발생하는 비료를 사용하기도 해.
그러니까 소고기나 우유로 만든 제품을 줄이는 게 좋겠지?

우유·소고기 연간 온실가스 배출량 (2013)
* 출처: 유엔식량농업기구(FAO)

우유: 기타 9%, 축산 분뇨 9.2%, 직접 배출 46.5%, 가축 사료 생산 35.3%

소고기: 기타 16.9%, 축산 분뇨 5%, 직접 배출 42.6%, 가축 사료 생산 35.5%

022 생활   샤워기만 바꿔도 물을 아낄 수 있다고?

오염된 물을 깨끗하게 만들려면 정말 많은 에너지가 필요해.
우리 주위에 물이 넘쳐나는 것으로 보이겠지만 사실 깨끗한 물은 많지 않아.
그래서 우리는 물을 소중히 여기고 아껴 써야 해.

절수형 양변기와 절수형 샤워기를 사용하면 보통 쓰던 물의 양을 절반 정도 줄일 수 있어.
절수형 수도꼭지를 설치하거나 설거지통을 이용해도 물을 아낄 수 있지.

빨래는 빨랫감을 최대한 모아서 하되 세탁기마다 알맞은 용량을 확인해야 해.
빨래를 너무 자주 하거나 세탁기에 넘치도록 빨랫감을 넣으면 물이 낭비되기 때문이야.
양치질을 할 때는 물컵을 사용해야 흘러가는 물을 아낄 수 있단다!

우리의 작은 실천이 쌓이면
물도 아끼고 깨끗한 물을 만드는 데 크게 도움을 줄 거야.

> 비누칠을 할 때는 수도꼭지를 잠그고 해야 해.

> 양치질을 할 때는 물컵에 물을 받아서 해야 하지.

> 양변기와 샤워기는 절수형으로 바꾸는 게 좋아!

023 전등만 바꿔도 지구에 도움이 된다고?

형광등에 독성 물질이 들어 있다는 사실, 알고 있니?
그래서 형광등을 다른 전등으로 바꾸기만 해도 지구에 도움이 된다고 해.
어떤 전등으로 바꿔야 할까?

바로, LED 전등으로 바꾸는 게 좋아!
LED란, 전기가 흐르면 빛을 내는 물질이야.
LED 전등의 수명은 40,000시간이어서 백열등의 40배나 돼.
오래 쓸 수 있어서 폐기물이 줄어든단다.

LED 전등이 다른 전등보다 훨씬 친환경적이고 경제적인 이유는
백열등과 형광등보다 적은 전력이 사용되기 때문이야.
자외선과 적외선이 나오지 않아 피부를 보호하기도 하지.
수은, 납, 카드뮴 같은 중금속이 들어가지 않아서 더 안전해.
게다가 다양한 색상으로 표현할 수도 있고,
다른 전등에 비해서 뜨거워지는 정도도 적은 편이야.

전기료도 아끼고, 지구에도 도움이 되는 LED 전등!
우리 집의 형광등도 이제 LED 전등으로 바꿔 볼까?

	백열등	형광등	LED등
중금속	없음	있음	없음
자외선	없음	있음	없음
에너지 효율	낮음	보통~높음	높음
수명	매우 짧음	보통	긺
가격	낮음	보통	높음
전기 요금	높음	보통	낮음
다양한 색상	불가능	일부 가능	가능

024 형광등 때문에 별을 보기 어렵다고?

야경 좋아하니? 깜깜한 밤에 켜진 조명 불빛은 정말 아름답지.
조명이 탄생하고 기술이 발전하면서 오랜 시간 동안 밤을 누릴 수 있게 되었는데,
그것 때문에 도시에서는 점차 별을 보기 어렵게 되었어.

사실 별이 안 보인다고 해서 실제로 사라진 건 아니야.
인공조명의 빛이 강해서 별을 우리 눈으로 보기 어렵게 된 거지.
원래 별은 주위가 어두워야 더 밝게 빛나고 사람 눈에 잘 보이거든.

인공조명으로 인해 도시의 밤하늘이
낮처럼 밝아지는 현상을 스카이 글로(sky glow)라고 해.
전 세계적으로 도시가 많아져서 스카이 글로와 같은 '빛 공해'가 심해지고 있지.
빛 공해는 인공조명을 잘못 사용해서 생기는 과도한 빛이
국민의 건강하고 쾌적한 생활을 방해하거나 환경에 피해를 주는 상태란다.

앞으로 아름다운 별빛과 은하수를 오래 보고 빛 공해를 줄이기 위해,
밤에 조명 켜는 시간을 줄이고 불필요한 조명은 끄는 습관을 들여 보자!

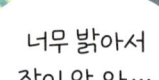

생태계

025 도도새는 왜 멸종했을까?

아프리카 마다가스카르 동쪽의 모리셔스섬에 살던 도도새는 몸체에 비해 날개가 아주 작아. 퇴화된 날개가 특징인 도도새는 왜 멸종하게 되었을까?

1505년, 포르투갈의 선원들이 모리셔스섬에 왔어.
날지 못하고 겁이 없어 도망가지 않던 도도새는
선원들에게 매우 좋은 사냥감이 되었다고 해.

이후 네덜란드인들이 모리셔스섬을 쉬었다 가는 곳과 보급 기지로 활용하면서
식량으로 돼지를 데려왔고 이때 고양이, 쥐, 사슴도 함께 들어왔어.
이 동물들이 도도새의 알을 잡아먹어서 도도새의 수가 급격하게 줄어들었지.

인간들이 모리셔스섬에 온 지 100년 만에 도도새는 희귀종이 되어 버렸고,
결국 1681년에 역사 속으로 사라졌단다.

026 석유를 많이 사용하면 문제가 생긴다고?

기술의 발달로 캐낼 수 있는 석유의 양은 매년 늘어나는데
석유를 많이 사용하면 안 된대.
이미 석유 시대라고 해도 될 정도로 석유를 많이 사용하고 있는데 말이야. 왜 그런 걸까?

우리나라는 석유가 묻혀 있지 않아서 석유를 수입해야 해.
석유는 자동차를 움직이는 연료로 쓰거나, 물건으로 만들어 사용하고 있지.
그런데 석유를 너무 많이 사용하고 있어서 석유 가격이 오르면 우리나라의 물가도 오르게 돼.
자동차, 항공기, 선박 등 교통수단에 가장 많이 쓰이기 때문에
대중교통을 이용하거나 전기 자동차를 타서 석유 사용을 줄이는 것이 좋아.

그리고 석유는 탄소 배출이 심한 에너지원이라 지구 온난화에 큰 영향을 미쳐.
석유를 옮길 때 선박이 물속으로 가라앉아서 바다를 오염시킨 사례도 많지.

> 석유는 땅속에서 나오는 검은색의 끈적끈적한 액체야. 전 세계 석유의 절반 정도가 중동 국가에 집중되어 있지.

> 석유는 수백만 년 전에 살았던 공룡과 식물들이 바다나 호수 아래에 퇴적돼서 만들어진 거라고 추측하고 있어.

석유 사용을 줄이고 재생 에너지를 사용하는 비율이 높아지면
석유 가격에 큰 영향을 받지 않게 되고 탄소 배출도 줄일 수 있어.
장기적으로 지구도 웃고 우리나라 경제도 웃도록 다 같이 노력해 보자!

건강 027 기후 변화로 제2의 코로나19 바이러스가 생길 수도 있다고?

2020년부터 2022년까지 세계는 코로나19바이러스로부터 자유롭지 못했어. 이런 바이러스의 원인이 기후 변화라는 사실, 알고 있니?

코로나19바이러스는 박쥐가 살 수 있는 습하고 따뜻한 곳이 많아지면서 인간에게 전파되었어. 기후 변화로 인해 박쥐뿐만 아니라 모기와 진드기처럼 바이러스를 옮기는 해충이 번식하기 더 좋은 환경으로 바뀌고 있어.

특히 모기는 인류 역사상 가장 많은 감염병을 발생시켰대. 사람을 가장 많이 죽인 생명체이기도 하지.

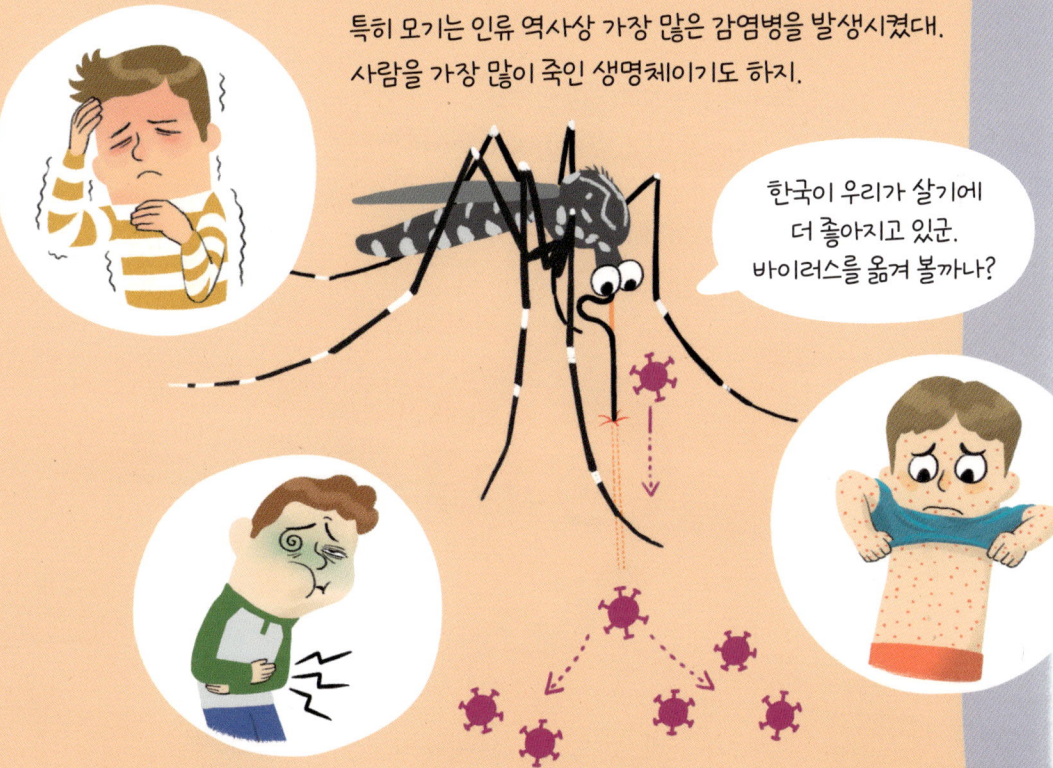

한국이 우리가 살기에 더 좋아지고 있군. 바이러스를 옮겨 볼까나?

모기는 따뜻한 환경에서 더 빠르게 번식해.
평균 기온이 올라 따뜻해지면 마릿수가 늘어나서 더 많은 전염병을 몰고 올 수도 있어.
특히 더운 나라에서 이전에 없던 병원균을 얻게 된 모기가
배나 비행기를 통해 우리나라에 들어와 병을 옮길 수도 있단다.
그러면 제2의 코로나19바이러스가 또 생길 수도 있는 거야.

더우면 더울수록 더 빨리 자란다고!

모기가 되기까지 18°C에서는 25일, 22°C에서는 19일, 26°C에서는 11.5일 걸려.

생활

028 기후 변화가 아동 인권을 침해한다고?

아동은 누구나 마땅히 권리를 보호받아야 해.
하지만 기후 변화가 아동 권리를 침해하고 있대. 무슨 관계가 있는 걸까?

폭염으로 식량의 가격이 올라 굶주리는 어린이들이 생겨나고 있어.
전쟁뿐만 아니라 해수면 상승과 폭우 같은 자연재해로 기후 난민이 되어
집을 잃고 떠도는 어린이도 많아지고 있지.
아프리카, 남아메리카, 아시아의 일부 국가의 아이들은
선진국에서 나온 쓰레기 때문에 오염된 강물을 먹고 병들어 가고 있어.

'나만 깨끗하고 안전한 환경에서 살면 되지 않을까?'라고 생각할 수 있어.
하지만 세계는 연결되어 있어서 내가 하는 행동이 세계 곳곳에 영향을 미친단다.
그래서 우리는 다른 어린이들도 기본 권리를 누릴 수 있도록 책임감을 가져야 해.
세상의 모든 어린이가 안전하고 행복하게 권리를 누릴 수 있게
관심을 가지고 목소리를 내볼까?

아동의 4대 권리

생존권	보호권	발달권	참여권
안전한 집에서 영양가 높은 음식을 먹으며 살고 싶어요.	학대, 폭력, 차별 없이 보호 받으면서 살고 싶어요.	교육을 받고 문화를 누리고 싶어요.	내가 원하는 것을 표현하고 정보를 얻고 싶어요.

029 기후에도 불평등이 있다고?

파키스탄과 나이지리아의 홍수, 도미니카공화국의 폭우,
마다가스카르의 사이클론은 수많은 이재민을 발생시켰어.
이 나라들이 기후 변화의 원인을 제공해서 피해를 입은 걸까?

아니. 오히려 탄소 배출을 적게 하는 국가,
특히 아프리카와 남아시아, 중남미 지역의
기후 재난 피해가 크대.
이렇게 기후 위기로 인해 한 쪽이
더 큰 피해를 보는 현상을 기후불평등이라고 해.

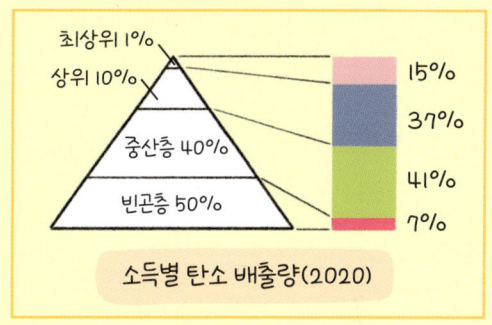

소득별 탄소 배출량(2020)

보통 발달이 앞선 선진국보다 개발 도상국이 기후 위기에 더 큰 영향을 받아.
생활하는 환경이 열악해서 홍수, 가뭄 등에 취약하기 때문이지.
기후 위기가 심각해지면 물과 식량이 부족해져서 영양 부족 같은 어려움을 겪는대.
빈곤과 불평등이 더 심해져서 생존에 위협을 받기도 하지.

어린이와 노인은 날씨가 극심해지면 보통 성인들보다 더 고통받아.
어린이들은 면역 체계가 약해서 열사병 같은 질병에 노출되기 쉬워.
앞으로 살아갈 날이 많아서 기후 위기에 대한 우울감과 불안감을 더 크게 느끼기도 한대.
노인들은 만성 질환 때문에 극단적인 날씨 변화에 적응하지 못해서 질병을 더 쉽게 얻지.
건설 노동자나 농부처럼 야외에서 일하는 사람들도
기후 변화로 폭염이나 한파가 발생하면 일하기 더욱 어려워질 거야.

미역이 지구를 살린다고?

생일에 먹는 우리의 전통 음식, 미역국.
미역국의 가장 중요한 재료인 미역이 우리 지구를 살릴 수 있다고 해.

미역은 바다 식물인 해조류의 한 종류야.
해조류는 땅의 식물과 마찬가지로 광합성을 해서
이산화 탄소를 흡수하고 산소를 내뿜어.

해조류는 거대 조류와 미세 조류로 나뉘는데, 거대 조류는 우리 눈으로 확인할 수 있어.
김과 다시마, 미역, 톳, 매생이, 파래, 우뭇가사리가 대표적인 예지.
우리나라는 바다로 둘러싸인 지형적 특징에 맞게 음식으로 많이 사용하고 있어.
이 외에도 다시마로 옷을 만들거나, 동물들의 사료로 활용하기도 해.

우리는 이산화 탄소를 흡수하고 산소를 내뿜어.

광합성으로 지구를 건강하게 하지!

미세 조류는 눈으로 확인하기 어려워서 현미경으로 관찰해야 볼 수 있어.
스피룰리나, 클로렐라가 대표적이지.
물을 깨끗하게 하는 능력이 뛰어나 해독을 위한 건강 기능 식품으로 사용하고,
바이오디젤로 만들어서 자동차와 항공기도 운행할 수 있어.
미세 조류로 만든 식물성 마요네즈와 버거 패티, 배양육도 개발됐다고 해.

탄소를 흡수하고 활용할 수 있는 분야가 많아서
전 세계적으로 해조류의 인기가 나날이 증가하고 있어.
해조류로 만든 생분해 물티슈도 출시될 예정인 만큼,
음식뿐만 아니라 우리 생활 전반에서 다양하게 이용될 거야.
지구를 지키는 연금술사라고 할 수 있어!

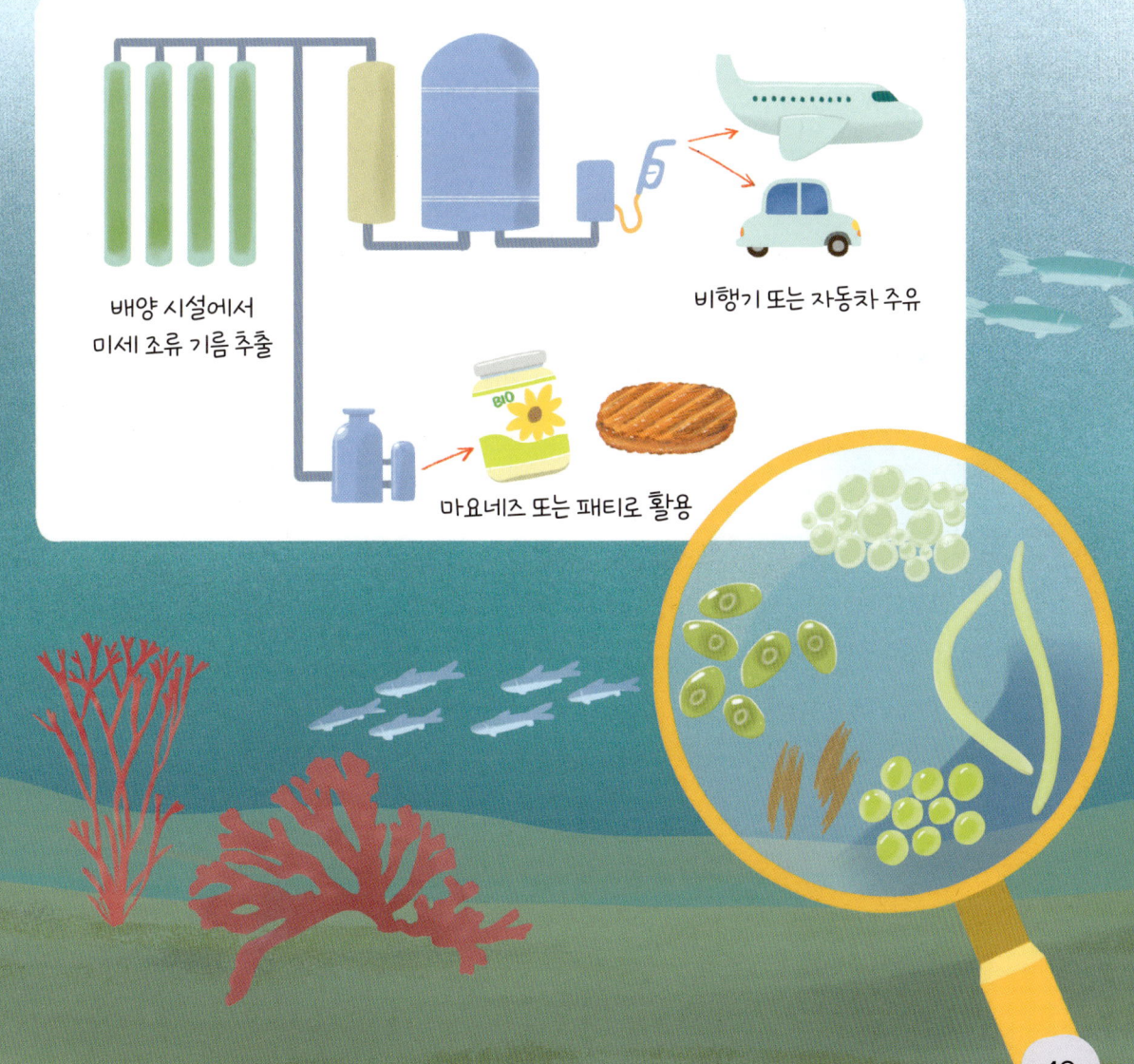

배양 시설에서 미세 조류 기름 추출

비행기 또는 자동차 주유

마요네즈 또는 패티로 활용

 음식

031 못난이 농산물은 맛이 없을까?

농산물은 크기가 일정하지 않거나 약간의 흠집이 생기면 팔기 어려워.
이렇게 겉모습 때문에 상품 가치가 떨어진 농산물을 흔히 '못난이 농산물'이라고 해.
그렇다면 못난이 농산물은 맛이나 품질도 떨어지는 걸까?

못난이 농산물은 원래 땅에 버려졌었어.
그 양이 전 세계 농산물의 30%가 될 때도 있었지.
얼마나 많은 농산물이 예쁘지 않다는 이유로 버려졌는지 몰라.
맛은 물론 영양에도 문제가 없었는데 말이야.
땅에 버려진 농산물들이 썩으면서 발생한 메테인가스는 기후 변화를 일으켰어.

나는 고마운 농산물이나 대견한 농산물로도 불린다고!

하지만 요즘은 못난이 농산물을 판매하는 곳이 많이 생겼어.
사람들은 농산물을 저렴하게 살 수 있고, 농부들은 농산물을 버리지 않고 팔 수 있게 되었어.
버려지는 농산물이 줄어들어서 환경에도 훨씬 도움이 되고 있단다.

 에너지

032 페인트만 칠해도 에너지를 줄일 수 있다고?

여름에는 검은색 옷과 흰색 옷 중에 어떤 옷을 입어야 더 시원할까?
바로 흰색 옷이야. 흰색은 빛을 반사하거든.
이 원리로 건물이 사용하는 에너지를 줄이는 방법이 있대.

우리나라는 기후 변화로 인해 여름이 점점 길어지고 더워지고 있어.
더워서 에어컨을 많이 트니까 탄소 배출도 늘어나고 있지.
이럴 때, 빛을 반사하는 흰색의 '차열 페인트'를 옥상에 칠해서
여름철 건물의 온도를 떨어뜨릴 수 있대.

열이 빠져나가지 않게 막아 주는 '단열 페인트'는
겨울철과 여름철에 실내 온도를 유지해 줘서 냉난방 요금을 줄일 수 있어.
온도 차이 때문에 생기는 습기를 막아 줘서 곰팡이도 줄여 준대.

365일이 여름인 열대 기후 국가 싱가포르에서는 옥상과 벽에 식물을 기르는 건물이 많아.
이 식물들은 탄소를 흡수하고 열도 차단하지.

앞으로 건물을 고치거나
새로운 건물을 지을 때
이런 방법들을
이용하면 좋겠지?

최신 차열 페인트는
냉방 에너지를 21%나
줄여 준대!

033 텀블러도 많이 사용해야 친환경적이라고?

환경을 위해서 일회용 컵이 아닌 텀블러를 사용해야 한다는 말을 많이 들어봤지?
그런데 텀블러를 사용하기만 하면 정말 환경에 도움이 될까?

텀블러는 씻어서 다시 쓸 수 있기 때문에 친환경적인 건 맞아.
하지만 300ml짜리 스테인리스 텀블러를 만들고, 사용하고, 폐기하기까지
총 671g의 온실가스가 배출된대.
그래서 텀블러를 써도 하나를 오래 써야 온실가스 배출이 줄어든단다.

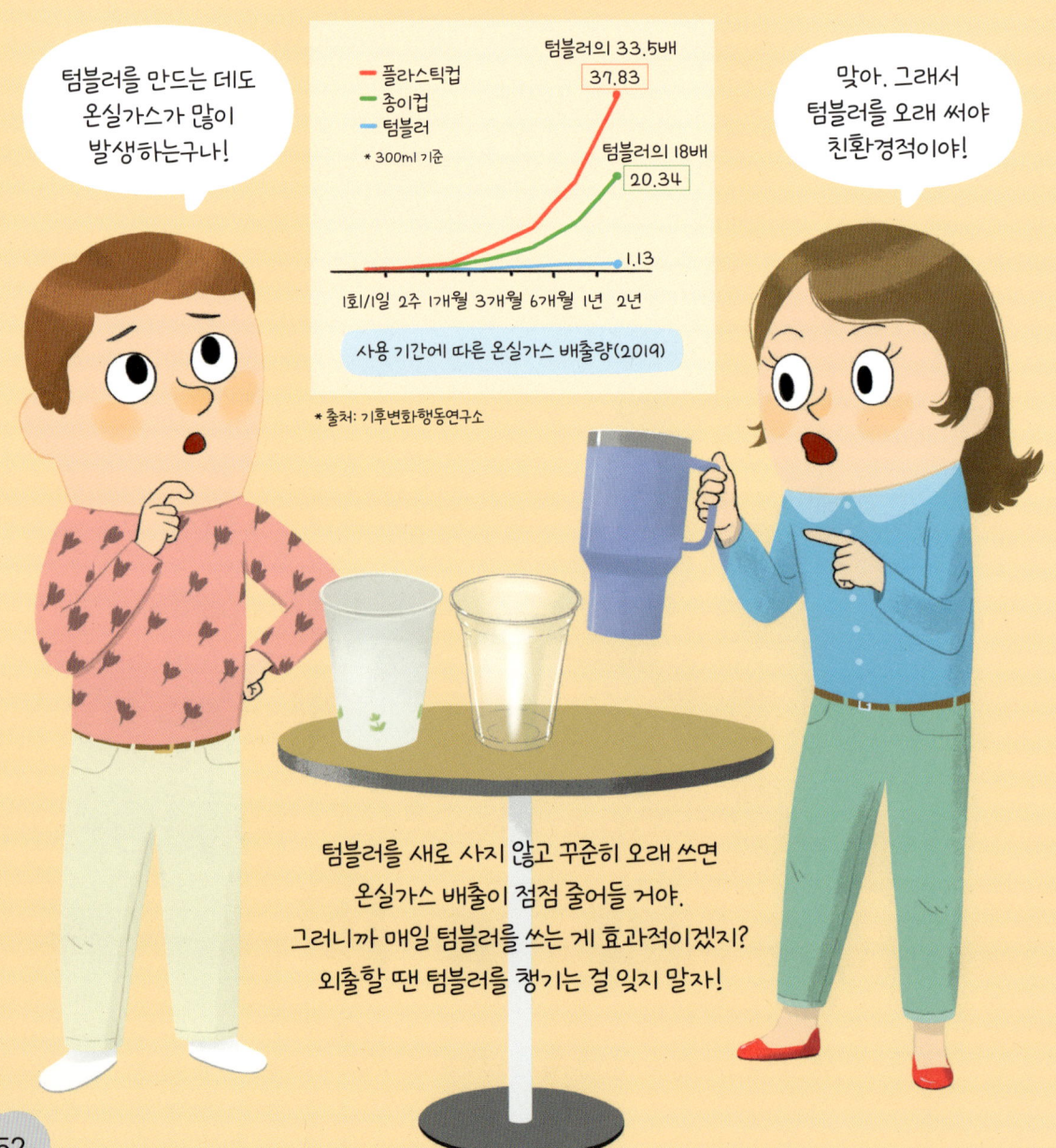

텀블러를 만드는 데도 온실가스가 많이 발생하는구나!

맞아. 그래서 텀블러를 오래 써야 친환경적이야!

텀블러를 새로 사지 않고 꾸준히 오래 쓰면
온실가스 배출이 점점 줄어들 거야.
그러니까 매일 텀블러를 쓰는 게 효과적이겠지?
외출할 땐 텀블러를 챙기는 걸 잊지 말자!

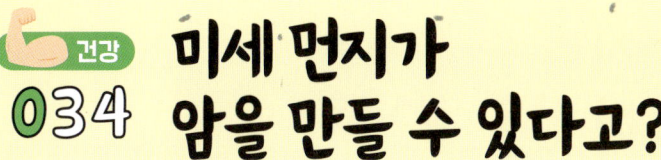

034 건강 — 미세 먼지가 암을 만들 수 있다고?

언제부터인가 맑은 하늘보다는 뿌연 하늘을 보는 날이 많아지고 있어.
맑은 날 밖에서 뛰어놀고 싶은데, 그렇게 하지 못해서 속상한 날도 있었을 거야.
이렇게 하늘을 뿌옇게 만든 원인은 바로 미세 먼지야.

- 뇌졸중, 우울증
- 각막염, 결막염
- 비염, 후두염
- 부정맥, 심근경색
- 아토피, 여드름

미세 먼지는 대기 중에 떠다니거나 흩날려 내려오는 아주 미세한 먼지야.
머리카락보다 얇지만, 그 양이 많아지면 하늘이 뿌옇게 보여.

미세 먼지는 너무 작아서 코점막이 미세 먼지를 거르지 못해.
그래서 천식, 기관지염, 알레르기성 비염을 일으키기도 해.
게다가 눈에 닿으면 각막염, 알레르기성 결막염을 일으킬 수 있지.
이 외에도 심각한 질병을 일으킬 수 있어서 세계보건기구가 발암 물질로 분류했대.

미세 먼지는 자동차, 공장, 석탄 화력 발전소, 쓰레기 소각장에서 배출돼.
그래서 미세 먼지를 줄이기 위해서는 대중교통을 이용하고,
화석 연료로 만들어지는 전기의 사용과 쓰레기를 줄여야 한단다.

재생 에너지의 종류에는 어떤 것들이 있을까?

재생 에너지는 계속해서 만들어지는, 즉 재생이 가능한 에너지야.
자연의 에너지를 변환시켜 이용하는 친환경 에너지지.

우리나라에서 법으로 정한
재생 에너지에는 일곱 가지가 있어.

바람의 힘을 회전력으로 변환하여
전기로 만드는 풍력 에너지,
태양광과 태양열을 변환하여 활용하는
태양 에너지,
물의 흐름으로 얻은 운동 에너지를
전기로 바꾸는 수력 에너지,
쓰레기를 연료로 만들거나 소각해서
에너지로 이용하는 폐기물 에너지,
생물체로부터 생겨나는 에너지를 활용하는
바이오 에너지,
땅의 열, 특히 마그마와 온천의 열을
에너지로 바꾸는 지열 에너지,
파도나 바닷물의 온도 차이를 이용하는
해양 에너지가 있지.

풍력 에너지

태양 에너지

수력 에너지

폐기물 에너지

바이오 에너지

지열 에너지

해양 에너지

재생 에너지는
자연의 원리를 이용하기 때문에
탄소, 미세 먼지, 폐기물이
적게 발생한다는 게 큰 장점이야.

그래서 전 세계적으로 사용하는 에너지를
재생 에너지로 전환하려는
움직임이 일어나고 있어.
2014년부터는 기업에 필요한 전기의 100%를
재생 에너지로 생산해서 사용하자는
'RE 100' 캠페인이 시작되었지.
우리나라는 2024년을 기준으로
36개 기업이 참여해서
재생 에너지를 사용하려고 노력 중이래.
이렇게 앞으로 재생 에너지를 많이 생산하고
활용하는 세상이 올 거야.

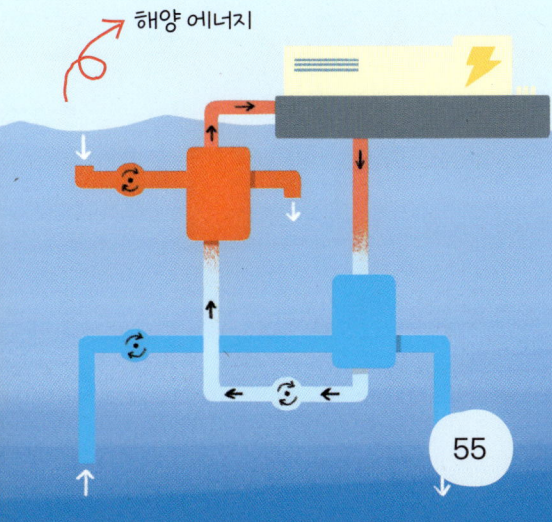

036 지구를 지키는 음식은 무엇일까?

우리가 먹는 음식은 지구를 이롭게 하거나 해롭게 해.
눈에는 잘 보이지 않지만, 우리가 선택하는 식사들이 지구에 많은 영향을 주고 있단다.

식품 1kg당 이산화 탄소 배출량 (2018)

- 1위 소고기 99kg
- 2위 초콜릿 47kg
- 3위 양고기 40kg
- 4위 우유 33kg
- 5위 커피 29kg
- 6위 양식 새우 27kg
- 7위 치즈 24kg
- 8위 양식 생선 14kg
- 9위 돼지고기 12kg
- 10위 가금류(치킨 등) 9.9kg
- 11위 팜유 7.3kg

소와 양은 섬유질이 많아 소화하기 어려운 식물을 주로 먹기 때문에 위가 네 개이고 되새김질을 해.
이 때 위에 있는 미생물이 음식을 분해하면서 메테인가스를 많이 만들어 내지.
그래서 지구를 덥게 만들어.

초콜릿은 주재료인 카카오를 생산하기 위해 열대 우림을 없애고 카카오나무를 심어서 만들어.

새우를 키우는 새우 양식장은 탄소를 흡수해 주고 생물의 다양성을 지켜 주는
맹그로브숲을 없애서 만들고 있어.
게다가 3~5년이 지나면 새로운 양식장을 만들어야 한대.

커피의 원료인 커피콩은 빨리 자라게 하려고 화학 비료를 사용해.
그리고 신선한 커피콩을 수출하기 위해서 대부분 비행기로 운반하지.

열대 우림은 이산화 탄소를 흡수하는 중요한 역할을 하기 때문에 없애선 안돼.

그렇다면 지구를 이롭게 하는 음식에는 무엇이 있을까?

먼저, 화학 비료와 살충제 같은 농약을 사용하지 않은 유기농 농산물이 있어.
흙, 공기, 물에 나쁜 영향을 끼치지 않아서 아주 친환경적이야.

가공을 많이 한 식품보다는 자연의 식재료로 직접 만든 음식이
제조하고 운송하는 에너지를 아낄 수 있어 지구를 이롭게 해.
또, 외국에서 수입하는 식품보다는 국산 식품이
운송할 때 온실가스를 적게 배출해서 더 친환경적이라고 할 수 있지.

계절에 맞게 땅에서 생산되는 식물성 식재료도 있어.
버섯, 두부, 시금치, 토마토, 가지, 호박 등이 있지.
동물성 식재료보다 물을 적게 사용하고 온실가스 배출이 적어서 친환경적이야.
또, 비닐하우스의 온도를 맞추거나 식재료를 저장하는 데 사용하는 에너지가
별로 없기 때문에 에너지 사용이 적단다.

미세 먼지의 원인이 정말 중국일까?

우리나라는 OECD 국가 중 두 번째로 미세 먼지가 심한 나라야.
미세 먼지가 생기는 이유는 중국 때문이라고 얘기하는데, 정말 중국만이 원인일까?

봄철에 발생하는 황사와 달리 미세 먼지는 1년 내내 발생해.
중국에서도 많이 넘어오긴 하지만, 우리나라도 만만치 않게 미세 먼지를 많이 만들고 있어.

우리나라에서 만들어지는 미세 먼지의 원인은 흙먼지와 꽃가루 등이야.
그리고 화석 연료를 태우며 발생하는 매연, 자동차의 배기가스,
건설 현장의 먼지, 가루 형태의 재료들, 소각장의 연기도 원인이 되지.
가축의 배설물과 비료에서 나오는 암모니아는 자동차나 공장에서 나온 나쁜 기체들과 섞인 다음
햇빛을 받으면 더 작은 초미세 먼지가 되기도 한대.

미세 먼지의 농도가 높아지면 인간의 호흡기에 문제가 생기고
미세 먼지가 식물들의 잎 표면에 쌓여 식물들이 숨쉬기가 힘들어져.
그래서 정부는 미세 먼지를 줄이기 위한 방법을 찾고 적용하는 중이야.

038 건강 — 미세 먼지가 심한 날 창문을 열어도 될까?

미세 먼지가 심한 날은 학교에서 야외 활동을 자제하라고 하지?
세계보건기구가 미세 먼지를 가장 위험한 발암 물질로 정했기 때문이야.
그렇다면 미세 먼지가 심한 날에는 문을 열지 않는 것이 더 좋을까?

눈에 보이지 않아도 초미세 먼지가 공기를 탁하게 하고 있으니 환기를 해야 해.

아니야. 그래도 환기를 꼭 해야 해.
환기를 자주 해 주지 않으면 실내 공기의 오염도가 높아지기 때문이지.

매년 전 세계에서 430만 명이 실내 공기의 오염 때문에 사망한대.
특히 실내에서 생기는 초미세 먼지는 몸속으로 쉽게 들어와 급성기관지염과 부정맥 같은 병을 일으켜.
초미세 먼지에 오랫동안 노출되면 치매도 발생할 수 있어.

몸속에 들어온 미세 먼지를 밖으로 내보내고 싶다면 물, 과일, 채소를 많이 섭취하는 것이 좋아.
실내에 식물을 키우는 것은 공기를 깨끗하게 하는 데 큰 도움이 되지.
무엇보다 실내의 공기가 오염되지 않도록 환기를 자주 하는 것이 중요하단다!

039 나무가 흡수하는 탄소는 얼마나 될까?

나무는 광합성을 통해 대기에 있는 이산화 탄소를 마시고 산소를 내뿜어.
탄소 중립을 위해서 정말 중요한 역할을 한다고 볼 수 있지.
그런데 구체적으로 얼마나 많은 이산화 탄소를 흡수할까?

나무가 이산화 탄소를 흡수하는 양은
종류, 나이 등에 따라 달라. 소나무는 나이가 들수록
이산화 탄소를 급격히 적게 흡수하지만,
상수리나무와 낙엽송은 나이가 들어도
이산화 탄소를 많이 흡수하지.
나무마다 흡수하는 양은 차이가 있지만,
중요한 건 모두 탄소를 흡수해 주고
다른 생물들의 서식지가 된다는 사실이란다.

나무 한 그루당 연간 이산화 탄소 흡수량(2019)

(kg) 2.3875 / 7.2125 / 10.075 / 10.6125 / 10.4125 / 10.025 / 9.625
수령(년) 10 / 20 / 30 / 40 / 50 / 60 / 70

*출처: 국립산림과학원

오래된 나무는 이산화 탄소 흡수력이 낮아지기 때문에 베어 버리고
그 자리에 새로 어린 나무를 심는대.
기존의 나무는 그대로 두고 다른 곳에 나무를 심으면 더 좋겠지만
국가가 가지고 있는 땅이 한정적이라
어렵다고 해.

그래서 자연을 그대로 보존하는 땅을 만들기 위해
환경 단체에서 땅을 구입하는 움직임도 있단다.
탄소 중립을 위해서 우리도 식목일에
나무를 심어 보는 건 어떨까?

20년된 상수리나무가 있는 숲은 일 년 동안의 이산화 탄소 흡수량이 가장 많아!

040 컵라면 용기도 플라스틱이라고?

컵라면은 맛있고 간편하게 먹기 좋은 음식이야.
그런데 왜 어른들은 컵라면을 먹지 말라고 하는 걸까?

미세 플라스틱인 나는 컵라면 용기에 2만 5천 개 정도 살아. 많게는 5조 개가 살고 있지.

컵라면 용기는 종이로 만들어서 물이 새지 않도록 플라스틱으로 얇게 코팅하거나, 플라스틱의 한 종류인 스티로폼(발포 스타이렌 수지)으로 만들어. 그래서 뜨거운 물을 부으면 미세 플라스틱과 환경 호르몬이 나올 수 있어.

환경 호르몬은 우리의 정상 호르몬과 비슷하게 생겨서 정상 호르몬이 열심히 일하는 것을 방해하는 물질이야. 물보다 기름에 잘 녹고 뜨거울수록 많이 나오기 때문에 기름기가 있는 컵라면에서 많이 검출되고 있지.

종류	영향	나오는 곳
비스페놀A	비만, 학습 능력 저하, 행동 장애, 불안, 우울, 암	PS 용기(컵라면 용기, 일회용 용기, 식품용 플라스틱 용기), 영수증, 식품용 캔 등
스티렌다이머	성 조숙증, 암	PS 용기

식품의약품안전처에서는 컵라면에서 나오는 환경 호르몬의 양이 적어서 안전하다고 해. 하지만 환경 호르몬은 몸에 쌓이면 느린 속도로 배출되기 때문에 오랫동안 많이 섭취하면 안전하다고 말하기 어려워. 특히 청소년은 사춘기가 너무 일찍 시작돼서 키가 많이 자라지 못하고 몸이 다른 친구들보다 빠르게 변화해 스트레스를 받을 수 있단다. 그러니까 우리와 지구의 건강을 위해 컵라면보다 건강한 음식을 선택하는 게 어떨까?

왜 우리나라 사람들은 몽골에 나무를 심는 걸까?

041

우리나라의 몇몇 기업들은 20년 넘게 몽골에 나무를 심고 있어.
왜 우리나라가 아닌 몽골에 나무를 심는 걸까?

우리나라에 날아오는 황사의 대부분이 몽골에서 오기 때문이야.
몽골에는 사막이 많고 석탄을 캐는 곳들이 있어서 황사와 미세 먼지가 굉장히 심각해.

몽골은 점점 사막으로 변하고 있어.
계속 사막으로 변하면 바람을 타고 황사가 이동해서 우리나라에도 큰 피해를 줄 수 있지.
그래서 우리나라 기업들이 몽골에 나무를 심고 잘 자라도록 가꾸고 있는 거야.

몽골

몽골 전체 국토의
약 77%가 사막화!
(한반도의 5배 면적)

한국

중국

30kg

나는 포플러 나무야.
한 그루당 30kg의
미세 먼지를 막아 내.

특히 포플러나무를 심는데,
포플러나무는 산소를 내뿜고 나무뿌리로 흙의 수분을 잡아
땅이 사막으로 변하는 걸 막는단다.

이렇게 환경을 생각하고 사회를 위하는 기업이
소비자들에게도 더 좋은 평가를 받겠지?

042 빵과 면을 먹기 어려워질 수도 있다고?

세계인의 '식탁'이 위협받고 있어.
특히 전 세계적으로 밀을 먹기가 어렵게 될 수도 있다고 해.
빵과 면을 만드는 데 필요한 밀이 없어진다니, 대체 무슨 일일까?

기후 변화로 인한 자연재해는 자연환경에 의존하는 농업에 큰 영향을 미치고 있어.
세계 여러 곡식이나 채소의 생산량이 줄어들고 있지.

특히 밀은 15~24℃에서 가장 잘 자라고 주로 온대 기후에서 자라는데,
기후 변화가 점점 심해지면서 미국에서는 가뭄으로, 인도에서는 폭염으로 생산량이 줄어들었어.
생산량이 줄어드는 바람에 가격이 올라서 밀가루가 포함된 음식을 먹기가 점점 어려워질 수도 있대.

그래서 우리는 기후 변화를 늦추고 기술을 개발하기 위해 노력해야 해.
도시처럼 좁은 공간에서 많은 작물을 생산할 수 있는 스마트팜이나
인공지능 로봇을 활용한 농업 기술을 개발한 것처럼 말이야.
물론 개발한 기술을 활용할 때도 재생 에너지로 생산한 전기를 사용해야 한단다.
기후 변화에 적응할 수 있는 품종을 개발하거나 농사짓는 방법을 바꾸는 것도 필요해.

태양광 발전소는 어디에 설치하면 좋을까?

태양광은 탄소를 거의 배출하지 않는 대표적인 친환경 재생 에너지야.
태양을 이용하기 때문에 가장 지속 가능한 에너지원이라고 할 수 있지.
그런데 태양광 재생 에너지를 오랫동안 계속 사용하려면 고려해야 할 부분이 있대. 같이 알아볼까?

우선 태양광 발전소를 만들려면 공간이 필요하겠지?
이때 숲과 같은 자연을 파괴하지 않고
건물 옥상이나 휴게소 주차장에 설치하는 게 좋아.

우리나라에서는 사용하지 않는 염전에
태양광 발전소를 짓기도 했어.
염전으로 사용한 땅은 태양빛이 잘 들어오기 때문이지.
요즘에는 땅을 두 가지 용도로 사용하는
영농형 태양광이 늘고 있어.
같은 땅에 구역을 나누어 아래에선 농사를 짓고
위에서는 태양광 발전 시설을 설치해 전기를 생산해.

태양광 패널은 영원히 사용하기 어려워서
20~30년 주기로 바꿔 줘야 한다고 해.
하지만 처음보다 성능이 조금 떨어질 뿐
사실은 더 오래 사용할 수 있어.
그리고 구성 요소의 약 85~90%를 재활용할 수 있다고 해.

전 세계적으로 태양광 발전소를 많이 설치해서
재생 에너지 발전량을 늘리면
탄소 중립에 빠르게 가까워질 거야.

태양광 패널 구성 요소

난 알루미늄으로 만들어졌어.
프레임

난 빛이 잘 통과하도록 도와줘.
유리

난 전지와 회로를 충격으로부터 보호해줘.
밀봉재

난 빛을 전기로 바꿔줘.
태양전지

난 열과 습도로부터 보호하는 플라스틱이야.
백시트

난 전기를 전달해. 알루미늄 등으로 만들어졌어.
정션박스

044 바다에도 숲과 사막이 있다고?

바닷속에는 해조류로 가득한 바다숲도 있고
해조류가 사라져 하얗게 변해 버린 바다 사막도 있어.
물이 가득한 바닷속에 숲과 사막이 있다니 신기하지?

그런데 최근 바다숲은 빠르게 사라지고 있고, 바다 사막이 급격하게 증가하고 있대.
바닷물의 온도가 높아지고 오염이 심각해져서 해조류가 사라지고 있기 때문이야.
그래서 우리나라는 바다 생태계를 보호하기 위해
2013년부터 매년 5월 10일을 바다식목일로 지정했어.

바다식목일에는 실제 나무를 심는 것이 아니라
나무와 비슷하게 광합성으로 이산화 탄소를 흡수하는 해조류를 심는 거야.
다이버들이 해조류를 심은 모판을 옮겨서 바다의 바닥에 심는대.

바다의 나무인 해조류가 잘 자라려면 바닷속에 쓰레기가 없어야 해.
바다에 놀러 가게 되면 신나게 놀고 쓰레기는 꼭 주워 오도록 하자!

045 내 몸에 플라스틱이 있다고?

원래 당구공은 코끼리 상아로 만들었어. 그래서 밀렵으로 많은 코끼리가 죽어 갔지.
이때 코끼리를 살리기 위해 상아 대신 발명된 것이 바로 플라스틱이야.
그런데 지금은 왜 플라스틱이 문제라고 하는 걸까?

플라스틱은 인간들에게 편리함을 선물해 주었지만
최악의 발명품이라고도 이야기해.
썩지 않아서 완벽히 처리하는 것이 어렵기 때문이야.
재활용을 잘 하면 다행이지만 더 큰 문제는 미세 플라스틱이지.

오래된 플라스틱이 썩지 않고 부서지면서
눈에 보이지 않게 된 것을 미세 플라스틱이라고 해.
이렇게 작게 분해된 미세 플라스틱은 몸에 들어가기 쉬워져.

생수나 티백, 플라스틱 통에 담긴 음식을 통해
몸에 들어오게 되면 몸속의 장기가 다쳐서 염증이 생겨.
뇌까지 들어오면 중요한 세포가 제 역할을 못 하게 될 수도 있지.

또, 미세 먼지와 초미세 먼지를 통해 호흡기로 들어오기도 해.
이렇게 들어온 미세 플라스틱은 기침, 호흡 곤란을 일으키고
폐 기능을 떨어트린단다. 정말 무섭지 않니?

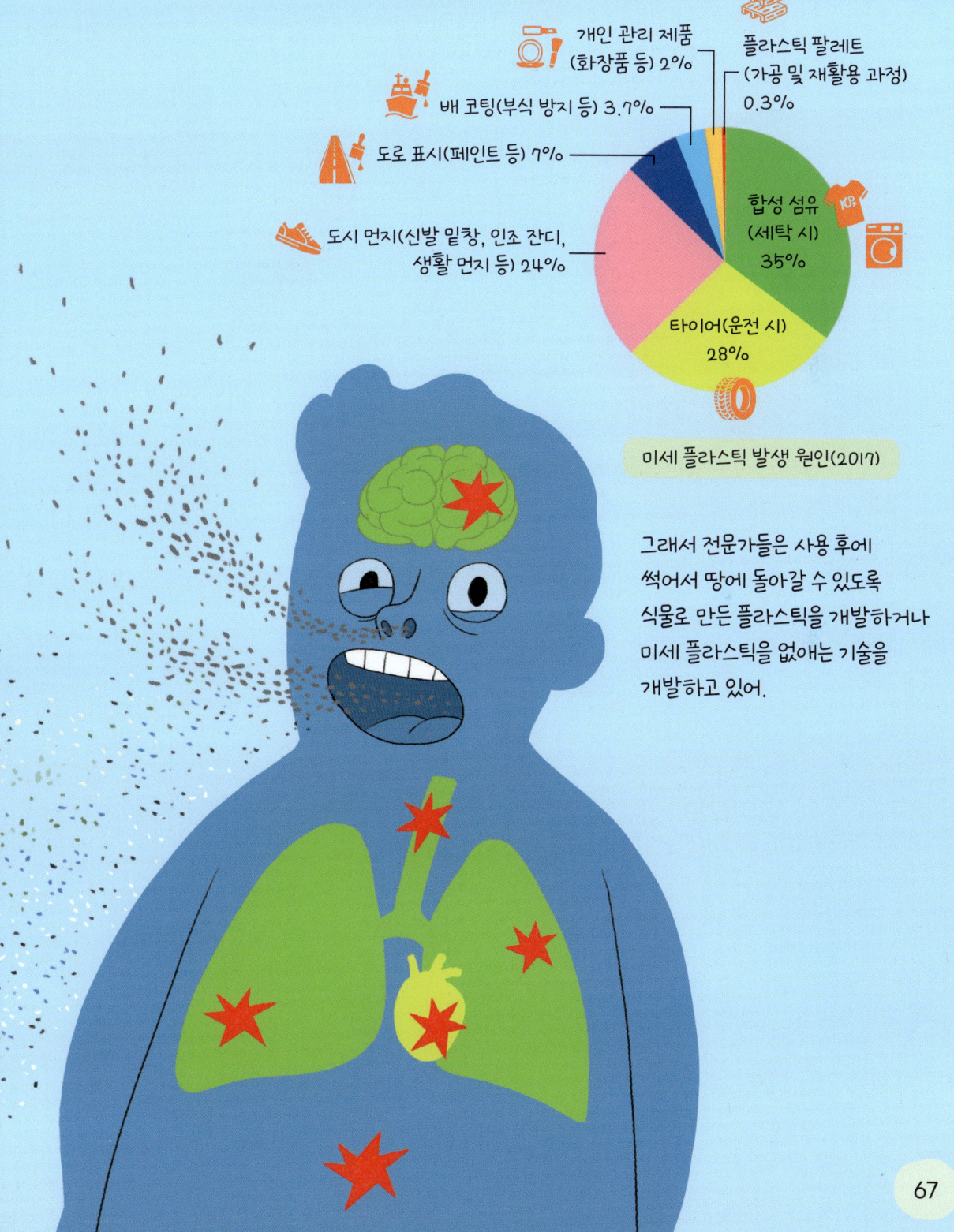

개인 관리 제품 (화장품 등) 2%
플라스틱 팔레트 (가공 및 재활용 과정) 0.3%
배 코팅(부식 방지 등) 3.7%
도로 표시(페인트 등) 7%
도시 먼지(신발 밑창, 인조 잔디, 생활 먼지 등) 24%
합성 섬유 (세탁 시) 35%
타이어(운전 시) 28%

미세 플라스틱 발생 원인(2017)

그래서 전문가들은 사용 후에
썩어서 땅에 돌아갈 수 있도록
식물로 만든 플라스틱을 개발하거나
미세 플라스틱을 없애는 기술을
개발하고 있어.

 기후

046 잠들어 있는 고대 바이러스가 다시 깨어난다고?

최소 몇 년에서 수만 년 동안 얼어 있던 북극의 얼음이 녹고 있어.
그래서 활동을 멈추고 있던 얼음 속의 바이러스가 점점 깨어나고 있대.
이 바이러스들이 세상에 드러나면 어떤 일이 벌어질까?

바이러스는 감염력이 있어서,
새로운 바이러스에 대해 면역력이 없는 우리에겐 아주 큰 위협이 될 수 있어.
인간뿐만 아니라 동물들에게도 마찬가지지.

실제로 오랫동안 얼어 있던 땅인 영구동토가 폭염으로 녹은 적이 있는데,
탄저병에 걸려 죽었던 동물의 사체가 드러났어.
그때 그 지역에는 전염병이 돌아 2천 마리가 넘는 순록이 죽었대.
물론 그 순록을 잡아먹었던 사람들도 감염되었지.

		2배!
대기 중 이산화 탄소	약 8천억 +	
영구동토의 이산화 탄소	약 1조 6천억 +으로 추정	

바이러스뿐만 아니라 폐암을 발생시킬 수 있는 라돈,
온실가스 중 하나인 메테인가스, 환경 오염을 일으키는 화학 폐기물 등도
드러나고 있다는데, 정말 무시무시하지 않니?

↗ 2년 이상 모든 계절 동안 얼어 있는 땅

동물을 죽이지 않고 고기를 먹을 수 있다고?

지금까지는 농장에서 키운 동물을 도축해야만 우리가 고기를 먹을 수 있었어.
그런데 동물을 죽이지 않고도 고기를 먹을 수 있대!

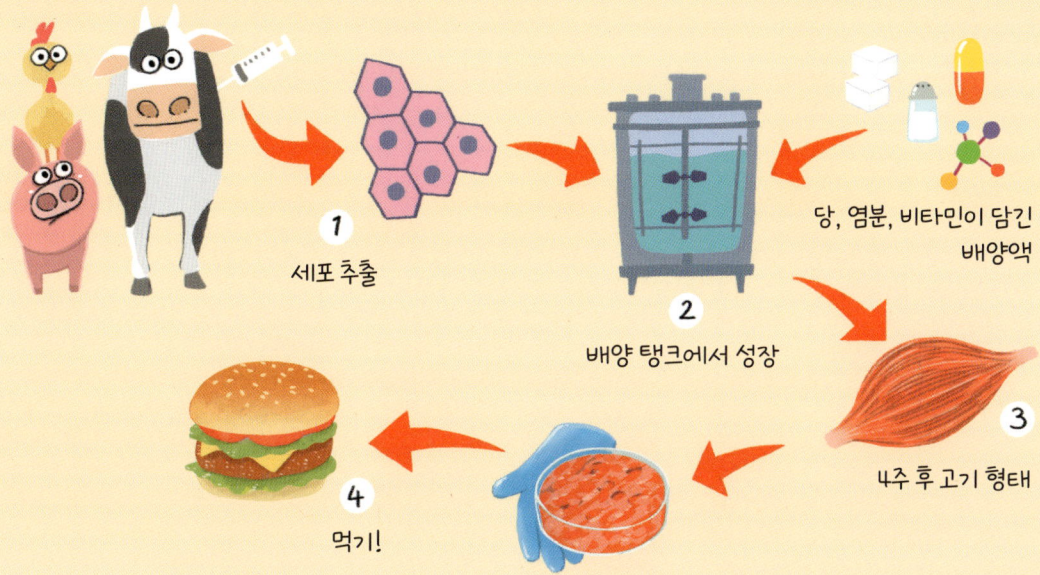

1. 세포 추출
2. 배양 탱크에서 성장 — 당, 염분, 비타민이 담긴 배양액
3. 4주 후 고기 형태
4. 먹기!

배양육은 동물의 세포를 키워서 만들어 내는 고기를 뜻해.
동물을 마취해서 세포를 뽑아낸 다음, 뽑아낸 근육 줄기세포를 성장시켜.
배양 탱크에서 성장시키면 4주 뒤에 고기가 만들어진단다.

배양육은 기존의 고기를 만드는 방식보다 적은 양의 땅과 물로 만들어져.
그래서 온실가스 배출을 줄이고 환경을 지키는 데 도움이 되지.
또, 농장은 깨끗하게 관리하기가 어렵지만,
배양육은 오염될 걱정이 없다고 해.

배양육을 만들려면 아직은 비용도 비싸고 오래 걸리지만,
기술이 발전하면 안전하고 건강한 배양육을 먹을 수 있을 거야.

| 기존 소 축산업에서 필요한 땅의 10%만 사용 | 기존 소 축산업에서 필요한 물의 34%만 사용 | 공장식 축산업에서 생기는 감염병 감소 | 깨끗하고 안전한 시설에서 생산 | 호르몬제를 사용하지 않음 |

048 바다 생물이 위험에 처해 있다고?

바다 생물들이 쓰레기뿐만 아니라 다른 이유로 많이 죽어 가고 있대.

그 이유는 바로 저인망어업 때문이야.
저인망어업이란, 바닷속 깊은 곳까지 그물을 쳐서 끌고 다니며
원래 목적이었던 생선이 아닌 다른 생선들까지 마구 잡는 어업 방식이야.

바닥까지 그물을 쳤다가 걷어 올리기 때문에 여러 바다 생물들의 서식지가 파괴돼.
자연스럽게 두어야 좋을 생태계에 크게 개입해서 바다 생물의 다양성도 파괴되고 있지.
이때 땅속에 묻혀 있는 탄소도 나오는데 항공 산업에서 나오는 양보다 많아서
전 세계의 탄소 배출량을 더욱 높이고 있대.

죽은 생물들을 바다에 버리거나 그물 같은 도구를 버리는 경우도 많아.
이렇게 버려진 것들이 해양 오염을 일으키지. 쓰레기 중에 약 46%가 버려진 그물이라고 해.

그래서 우리나라는 *불법 소형 저인망어선을 규제 대상으로 정했어.
대형 저인망어선은 가까운 바다의 생태계 보호를 위해
먼 바다에서만 생선을 잡도록 허가했지.
하지만 이렇게 하더라도 바다 전체의 생태계를 보호하기에는 많이 부족해.
그러니까 저인망어업이 아닌 다른 방법을 고민해야 할 때야.

잡은 생선의 35%는 버려져요.

폐기물

* 그물로 바다의 바닥층을 긁어 해양 생물을 잡는 작은 어선

 쓰레기

049 용기를 낼수록 지구가 웃는다고?

여기서 말하는 용기는 물건을 담는 그릇과 동시에 씩씩한 마음을 뜻해.
용기를 가지고 다니면서 일회용품을 줄이는 캠페인을 '용기 내 캠페인'이라고 부른대.
용기 내는 방법으로는 무엇이 있을까?

먼저, 장을 볼 때 미리 용기를 가져가.
그리고 구매한 음식을 용기에 담아오는 거야.

두부나 조리된 음식을 담아올 수도 있어.
감자나 당근처럼 흙이 묻은 제품은 에코백과 작은 천 파우치에 담아올 수도 있지.
화장품도 사용했던 용기를 깨끗하게 소독해서 로션, 크림 등을 담아올 수 있어.

어렵지 않지? 우리가 용기를 낼수록 지구는 활짝 웃는대!
그러니까 지구를 위한 용기 있는 도전을 하나씩 실천해 보자!

거절(Refuse)	감축(Reduce)	재사용(Reuse)	재활용(Recycle)	썩히기(Rot)
사용하지 않을 일회용품 거절하기	필요한 물건 위주로 구매하고 포장이 적은 제품 사용하기	한 번 쓴 제품 다시 쓰기	분리배출 통한 재활용	음식물 태우지 않고 썩히기

050 왜 화석 연료가 나쁘다고 할까?

화석 연료는 석탄, 석유, 천연가스 등을 만드는 연료야.
우리가 누리고 있는 편리함은 대부분 화석 연료 없이 설명할 수 없지.

하지만 화석 연료를 태우는 과정에서 미세 먼지가 많이 발생해.
사람과 동물에게 오랫동안 노출되면 호흡기에 문제를 일으키지.

그리고 화석 연료를 많이 태우는 지역에는
여러 오염 물질이 비와 섞여서 산성화된 산성비가 많이 내려.
산성비가 내리면 곡식과 채소가 잘 자라지 못하고,
사람의 피부에 문제를 일으킬 수도 있단다.

이렇듯 화석 연료는 지구와 사람의 건강을 위해서
빨리 사용을 줄여야 하는 존재야.

051 옥수수가 자동차를 움직일 수 있다고?

옥수수, 감자, 고구마를 좋아하니? 한입 베어 먹으면 얼마나 맛있는지 몰라.
이런 작물로 자동차를 움직일 수 있대. 믿기 어렵지? 사실이야!

먼저 옥수수, 감자, 고구마에 있는 탄수화물을 분해해서 포도당을 뽑아내.
그리고 효소를 넣어 발효시키면 에탄올을 만들 수 있어.
이것을 '바이오에탄올'이라고 해. 자동차의 연료로 사용할 수 있단다.
하지만 작물을 사용해서 연료를 만들면 먹을 식량이 부족해질 수도 있어서 주의해야 해.

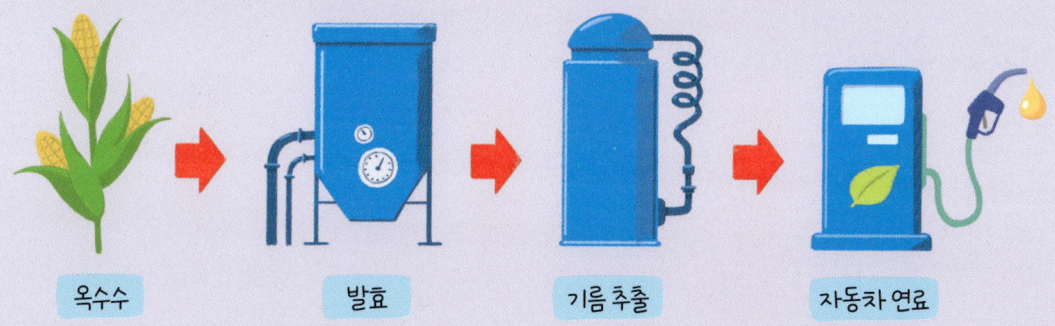

옥수수 → 발효 → 기름 추출 → 자동차 연료

최근에는 이런 기술을 우리나라에 맞게 개발했다고 해.
바로 미세 조류로 바이오 연료를 생산하는 거야.
삼면이 바다인 우리나라에서는 아주 반가운 소식이지!

가까운 미래에는 자동차, 비행기, 배를 친환경 연료로만 움직일 시대가 올지도 몰라.

종류	바이오에탄올	바이오가스	바이오디젤
만드는 과정	옥수수 → 발효 → 기름 추출 → 자동차	음식물 쓰레기 등 → 발효 → 가스 추출 → 난방	팜유 → 약품으로 화학 처리 → 기름 추출 → 자동차
재료	옥수수, 사탕수수, 보리, 밀, 볏짚, 목재 등	음식물 찌꺼기, 가축 분뇨 등	폐식용유(29%), 팜유(71%) 등 식물성 지방이나 동물성 지방
특징과 장점	화석 연료에 비해 배출하는 탄소 양이 적고 만드는 비용이 저렴합니다. 석유 대체제(가솔린)입니다.	온실가스가 되는 이산화 탄소, 메테인가스를 다시 연료로 사용합니다. 석유 대체제(가스)입니다.	석유 대체제(디젤)입니다.
사용하는 곳	자동차, 산업용	난방, 전기	자동차, 기계

052 기후 위기 때문에 전 세계 과학자들이 모인다고?

기후 위기를 해결하기 위해 많은 과학자가 모여서 회의를 한다고 해.
어떤 회의를 하는 걸까?

점점 심각해지는 기후 변화에 대응하기 위해
국제 연합(UN)에서 정부 간 기후 변화 협의체(IPCC)라는 조직을 만들었어.
각 나라 정부의 관계자들과 과학자들을 모아 기후 변화에 대한
여러 연구 결과를 검토해 보고 의견을 담은 평가 보고서를 작성하지.
기후 변화가 왜 일어나는지, 지구에 어떤 영향을 미치는지,
미래에는 어떻게 진행될지 분석해서 대책을 제안한단다.
IPCC에서 만든 보고서는
각 나라에서 정책을 결정할 때 중요한 근거가 된대.

이렇게 과학자들이 기후 위기에 대응하기 위해 꾸준히 모여서 회의하는 것처럼
우리도 끊임없이 관심을 가지고 목소리를 내야겠지?

생태계 053 : 아프리카 코끼리가 떼죽음을 당했다고?

아프리카 지역에서 코끼리 100마리 이상이 떼죽음을 당했대.
왜 이렇게 많은 코끼리가 죽었을까?

아프리카 대륙에는 코끼리가 10만 마리 정도 살고 있어.
그런데 아프리카 짐바브웨 서부에 있는 황게 국립공원에서는 수많은 코끼리가 생명을 다하고 있대.

코끼리는 하루에 약 200L의 물을 마셔야 하는데, 기후 변화로 가뭄이 심해진 탓에
강과 하천이 말라 물을 거의 구할 수 없게 되었기 때문이야.

아프리카 통계

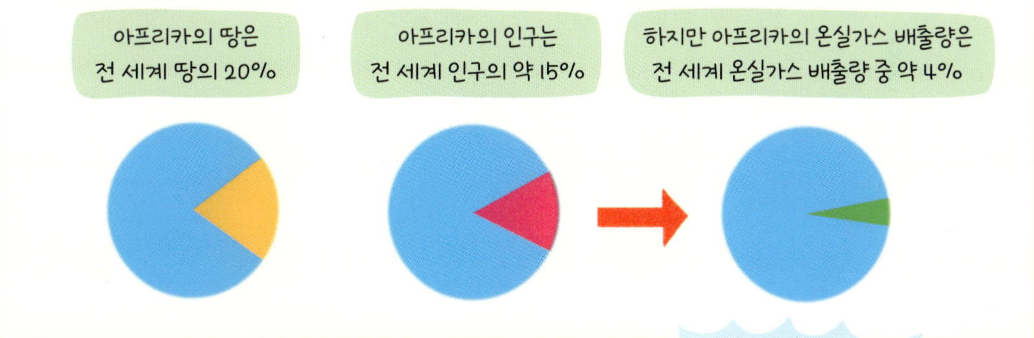

- 아프리카의 땅은 전 세계 땅의 20%
- 아프리카의 인구는 전 세계 인구의 약 15%
- 하지만 아프리카의 온실가스 배출량은 전 세계 온실가스 배출량 중 약 4%

면적과 인구에 비해 온실가스 배출량이 현저히 적음!

너무 배가 고프고 목이 말라.

앞으로 우리를 보기 어려울지도 몰라.

아프리카의 온실가스 배출량은 4%밖에 안 되지만
기후 변화로 인한 피해는 가장 많이 받고 있어.
동물, 식물뿐만 아니라 인간도 가뭄에 시달리고 있단다.

054 좋은 오존과 나쁜 오존이 있다고?

환경 오염 때문에 오존층이 파괴되고 있다는 말, 들어봤지?
오존층은 지구 대기의 두 가지 영역에 있어. 바로, 성층권과 대류권이야.

성층권(상공 20~30km)의 오존층은
태양의 자외선을 95% 이상 차단해 주는 양산 같은 존재야.
생명체를 보호하는 아주 중요한 존재여서 두꺼울수록 좋아.

성층권의 오존층에 구멍이 생기면 여러 문제가 생기는데,
뚫린 구멍으로 강한 자외선이 들어와서 동식물의 단백질과 유전자가 손상돼.
사람은 피부에 화상을 입거나 일부 피부 세포가 죽어 피부암이 발생하기도 하지.
눈의 수정체가 하얘져서 앞이 잘 보이지 않는 백내장이 발생하기도 해.

그렇다면 오존층에 구멍은 왜 생겼을까?
바로 냉장고를 시원하게 해 주는 프레온 가스가
오존층을 파괴했기 때문이야.
다행히 최근에는
프레온 가스 사용을 제한하면서
오존층이 파괴되는 현상이
줄어들고 있대.

성층권

대류권

인간들이 생활하는 대류권(상공 0~10km)의 오존은 오염 물질이야.
공장에서 나온 이산화 질소로 만들어져서 해로워. 적을수록 좋지.
사람의 기관지를 자극해서 기침이나 천식을 유발한단다.
식물이 잘 자라지 못하게 영향을 미쳐서 곡물 수확량도 줄어들게 하고.
다른 화학 물질과 만나면 스모그를 만들기도 한대.

그래서 성층권의 오존층은 보호하기 위해 노력하고
대류권의 오존은 줄이기 위해 노력해야 해!

055 인구가 100억 명이 되면 어떻게 될까?

현재 지구상에 살고 있는 사람의 수는 80억 명이 넘었어.
2080년대에는 100억 명을 넘어서 정점을 찍을 거라고 해.
인구가 증가하면 어떤 일이 발생할까?

늘어난 인구로 인해 에너지가 더 많이 필요할 거야.
공장에서는 더 많은 물건을 만들게 되면서
더 많은 자원이 필요하겠지?
에너지와 물건을 대량으로 소비하고
버리면서 환경을 오염시킬 거야.

식량과 자원도 부족해질 거야.
인간은 음식과 물이 없으면 살 수가 없지?
인구가 늘어나면 식량과 물의 생산량도
늘어나야 하는데 그렇게 되기는 어려워.
지구가 생산할 수 있는 양은
제한되어 있기 때문이야.
벌써 육지의 약 38%가 인간과 가축을 위한
식량, 연료 등을 만드는 데 사용되고 있어.

이렇게 인구가 많아지면서 생기는 문제들을
해결할 수 있는 기술의 발전이 중요해졌어.

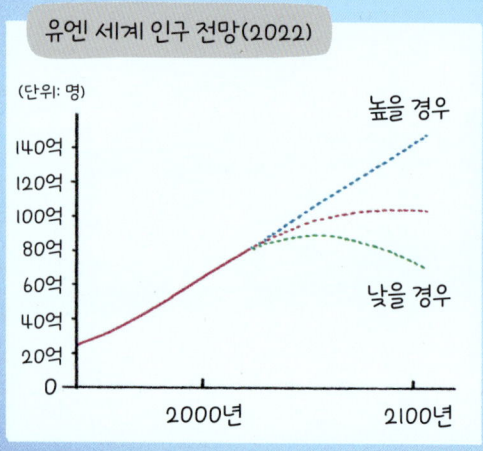

유엔 세계 인구 전망(2022)

* 출처: 유엔(UN)

현재는 재생 에너지를 늘리고,
자연 생태계를 회복하고,
탄소를 모은 다음 저장해서 활용하고,
깨끗한 수소를 활용하는 기술이 개발되고 있어.
하지만 기술이 모든 문제를
다 해결해 줄 수는 없기 때문에 소비하는 물건과
폐기물을 최대한 줄이고 에너지를 적게 사용하는 등
우리 스스로도 노력해야 한단다.

056 투발루 사람들이 집을 잃었다고?

투발루는 아홉 개의 큰 섬과 작은 섬들로 이루어진 태평양의 섬나라야.
50년 후에는 투발루에 더 이상 사람이 살 수가 없다고 하는데,
투발루 사람들은 이제 어디로 가야 할까?

인구가 11,000명인 투발루는 도둑도 거의 없는 평화로운 곳이야.
그런데 이 나라 사람들을 가장 위협하는 건 기후 변화라고 해.

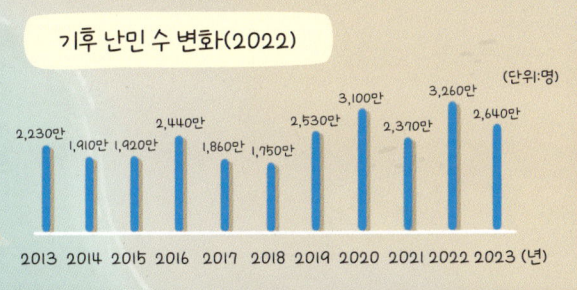

기후 난민 수 변화(2022) (단위:명)

2013	2,230만
2014	1,910만
2015	1,920만
2016	2,440만
2017	1,860만
2018	1,750만
2019	2,530만
2020	3,100만
2021	2,370만
2022	3,260만
2023	2,640만

투발루는 지구 온난화로 인해 해수면이 상승해서 섬이 사라지고 있어.
2000년 이후에 두 개의 작은 섬이 사라졌고,
나머지도 50년 안에 사라지게 된대.
이렇게 기후 변화로 집을 잃게 된 사람들을 기후 난민이라고 해.

나라가 물에 잠기자, 투발루 사람들은 뉴질랜드와 호주로 이주했어.
투발루 정부는 나라의 영토 전체가 물에 잠기는 것을 대비하여
온라인 가상 국가를 건설하기로 했대.
디지털 공간에서 투발루 사람끼리 소통할 수 있도록 말이야.

한 나라의 땅이 사라지는 건 국민이 다 흩어져서 살아야 한다는 이야기야.
이렇게 피해를 보지 않도록 기후 변화를 늦추기 위해 노력해야 돼.

2050년에는 나같은 기후 난민이 10억 명이나 된대.

057 바다 위에 도시가 생긴다고?

보통 육지나 섬에만 사람이 살 수 있지?
그런데 이제는 바다 위에 도시를 만들어서 살 수도 있대!

태평양의 몰디브는 1,000개 이상의 섬으로 이루어진 나라야.
그런데 최근 기후 변화 때문에 해수면이 상승해서
몰디브 같은 작은 섬나라들이 점점 물에 잠기고 있어.
2050년이면 몰디브에 있는 집의 약 80%가 물에 가라앉아
더 이상 사람이 살기 어렵게 된대.

그래서 몰디브에서는 '훌후말레'라는 인공섬을 만들었어.
다른 나라에서도 물에 뜨는 부유식 해상 도시를 짓고 있거나 짓는다고 발표했지.
부유식 해상 도시는 인공섬과 다르게 모래를 쌓아서 만드는 섬이 아니고
물에 뜨는 구조물로 만들기 때문에 상대적으로 바다 생태계 파괴가 적은 편이야.
또, 태양광으로 전기를 생산하고 도시 내에는 자동차가 없어서 친환경적이지.

기후 변화를 막기 위해 최선을 다하는 게 가장 중요하지만,
기후 변화에 미리 대응하는 것도 필요하단다.

물에 잠길 가능성 적음

주거지 부족 해결

탄소 중립 도시

058 꿀벌이 지구에서 사라진다고?

세계 곳곳에서 꿀벌이 실종되고 있어.
꿀벌이 사라지면 지구는 큰 식량 위기를 겪을 수 있대.

꿀벌은 식물의 꽃가루를 다른 꽃에 옮겨서 열매를 맺게 하는 중요한 역할을 해.
세계 100대 농작물 중 71개 종의 꽃가루를 꿀벌이 옮겨 주고 있지.
꿀벌이 사라지면 수많은 식물이 더 이상 씨를 맺지 못하고 사라질 테니
우리가 먹는 농작물의 대부분을 먹을 수 없게 될 거야.
사람은 물론 식물을 먹는 동물들도 위험해지지.

그럼, 꿀벌은 왜 사라지는 걸까?
농약이나 기생충 등 다양한 원인이 있지만, 지구 온난화의 문제도 있어.
기후가 따뜻해지면서 꽃이 피는 시기가 짧아지면 꿀벌의 먹이가 줄어들어.
또, 겨울 기온이 왔다갔다하면서 따뜻해진 날 밖에 나온 꿀벌이
갑작스러운 한파로 죽을 수도 있단다.
어떻게 하면 꿀벌을 지킬 수 있을까?

꿀벌이 좋아하는 꽃을 많이 심고, 안전하게 살 수 있도록 꿀벌 호텔을 만들어 주는 게 좋아!

059 채식주의자도 먹는 고기가 있다고?

채식을 하는 것은 지구를 지키는 좋은 방법 중 하나야.
채소는 고기에 비해서 온실가스를 훨씬 적게 배출하기 때문이지.
그러면 우리는 샐러드만 먹어야 할까?

아니! 맛있고 건강한 비빔밥도 먹을 수 있어. 대체 식품을 먹기도 하지!
대체 식품이란, 고기가 아닌 식재료로 고기와 비슷하게 만든 식품이야.
식물성 재료, 동물의 세포, 먹을 수 있는 곤충 등으로 만들지.
식물성 재료로는 콩, 두부, 버섯, 밀가루, 해조류가 있어.

*출처: 식품의약품안전처 식품영양성분 데이터베이스

단백질(100g당)		온실가스(1kg당)	
소고기(양지)	18g	소고기(양지)	99kg
콩(대두)	34g	콩(대두)	0.98kg

대체 식품은 식물에서 추출한 단백질을 가루로 만들어서 맛과 기름을 넣고 만들어.
다양한 모양으로 만든 다음, 숙성하거나 열을 주거나 식히지.
모양과 맛이 고기와 비슷하고 식감도 쫄깃해.

우유는 두유나 아몬드유, 귀리유로 대체할 수 있어.
기존 우유에 비해 온실가스 배출량도 적고 물과 땅의 사용량도 훨씬 적어서
이미 진행 중인 지구 온난화를 더디고 약하게 진행될 수 있도록 도와줄 거야.
먹는 음식 중에서 고기와 우유로 만든 제품만 줄여도 지구에 훨씬 도움이 된단다!

동물성 단백질 / 식물성 단백질

060 원자력 발전은 친환경일까?

1986년 4월 26일, 체르노빌의 원자력 발전소가 폭발해서
굉장한 양의 방사성 물질이 빠져나갔어.
그래서 많은 사람이 죽고, 병에 걸리고, 멀리까지 환경 오염이 발생했지.

원자력은 우라늄이라는 원소가 쪼개질 때 나오는 엄청난 열이야.
원자력으로 물을 끓여서 증기를 만들고,
이 증기로 바람개비처럼 터빈을 돌리면 전기가 만들어져. 이게 원자력 발전이지.
원자력 발전 과정에서는 온실가스와 미세 먼지가 상대적으로 거의 나오지 않기 때문에
친환경 연료라고 알려지기도 했어.

하지만 원자력은 큰 단점이 있어. 바로 방사성 물질이 발생한다는 거야.
인체가 방사성 물질에 노출되면 암, 백혈병 등이 생길 수 있어.
또, 전기를 만들고 남은 물질인 방사성 폐기물을 처리하는 데 비용이 많이 들지.
심지어 우리나라는 방사성 폐기물을 처리할 처리 시설이 아직 만들어지지 않았어.

이 문제를 해결하기 위해 우리나라 과학자들은 사용한 핵연료를 다시 사용하는 방법을 개발했대.
하지만 이 과정에서 플루토늄(Pu)이라는 물질이 나오는데,
파괴력이 굉장히 강해서 핵무기를 만드는 재료로 쓰일 수 있어.
그래서 핵연료를 재처리하는 방법에 대해서는 신중해야 해.

061 친환경인 척하는 물건이 있다고?

친환경 일회용 마스크, 독이 없는 순한 세제, 안전한 페인트. 뭔가 이상하지 않아?
실제로는 환경을 많이 파괴하는 제품이지만 그렇지 않은 것처럼 말하고 있기 때문이야.

이런 현상을 '그린워싱(greenwashing)', 우리말로 녹색 세탁이나 녹색 분칠이라고 해.
물건을 친환경 이미지로 포장하고 홍보해서 파는 것을 의미하지.

그린워싱은 이런 경우야. 받지 못했거나 인증되지 않은 인증 마크를 몰래 쓰는 경우(거짓말),
증거 없이 친환경이라고 이야기하는 경우(증거 불충분),
친환경 요소만 보여 주고 친환경이 아닌 요소는 숨기는 경우(상충 효과 감추기),
애매하게 표시하는 경우(애매모호한 주장),

> 소비자들이 친환경 제품을 쉽게 선택할 수 있도록 정부에서 제품을 제대로 평가할게요!

용기만 재활용이 가능한데 내용물도 친환경인 것처럼
주장하는 경우(관련성 없는 주장),
환경에 나쁜 상품이지만 친환경적 요소가 들어갔기 때문에
친환경으로 홍보하는 경우(유해 상품 정당화),
친환경 표시와 비슷한 표시를 해서 소비자를 속이는 경우(부적절한 인증 라벨).

물건을 살 때 우리가 그린워싱인지 아닌지 살펴볼 수도 있겠지만,
무엇보다 정부에서 그린워싱이 일어나지 않도록 제품 평가를 제대로 해야 해.
그렇게 되면 우리가 그린워싱을 구별하지 않아도 될 거야.

 음식

062 과자를 먹으면 숲이 사라질 수 있다고?

지구의 소중한 숲을 사라지게 하는 음식이 있대.
내가 먹는 음식과 숲은 어떤 관련이 있을까?

과자의 성분을 살펴보면 '팜유'라는 글자를 볼 수 있어.
팜유란, 아프리카에서 자라는
팜나무(기름야자나무)의 열매에서 뽑아낸 기름이야.
값이 싸고 상온에 오래 보관할 수 있어서 쉽게 썩지 않아.
바삭한 식감을 만들어 내서 과자나 라면, 치킨을 튀기는 데 자주 사용하지.
또 초콜릿이나 아이스크림, 비누나 샴푸를 만드는 데도 사용할 수 있어.

그런데 팜유를 만들기 위해 숲이 사라지고 있대.
사람들이 팜나무를 심기 위해 열대 우림 지역의 나무를 베고,
불을 질러 숲을 파괴하고 있기 때문이야.
열대 우림이 줄어들면 숲에 살고 있는 동물들은 갈 곳을 잃고
희귀 야생 동물은 멸종할 수 있단다.
또, 숲이 불에 타면서 대기가 오염되고 지구 온난화는 더욱 심해져.

그래서 우리는 팜유가 들어간 음식이나
제품들의 사용을 줄여야 해.

팜유를 가장 많이
사용하는 순위

*출처: 세계자연기금(WWF)

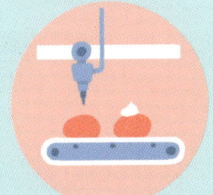

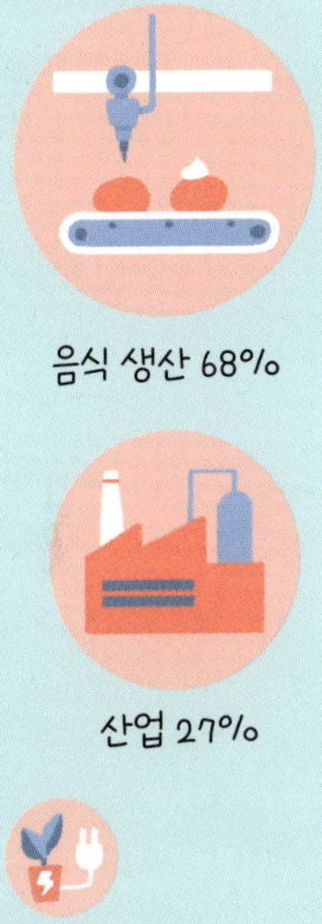

음식 생산 68%

산업 27%

바이오 에너지 5%

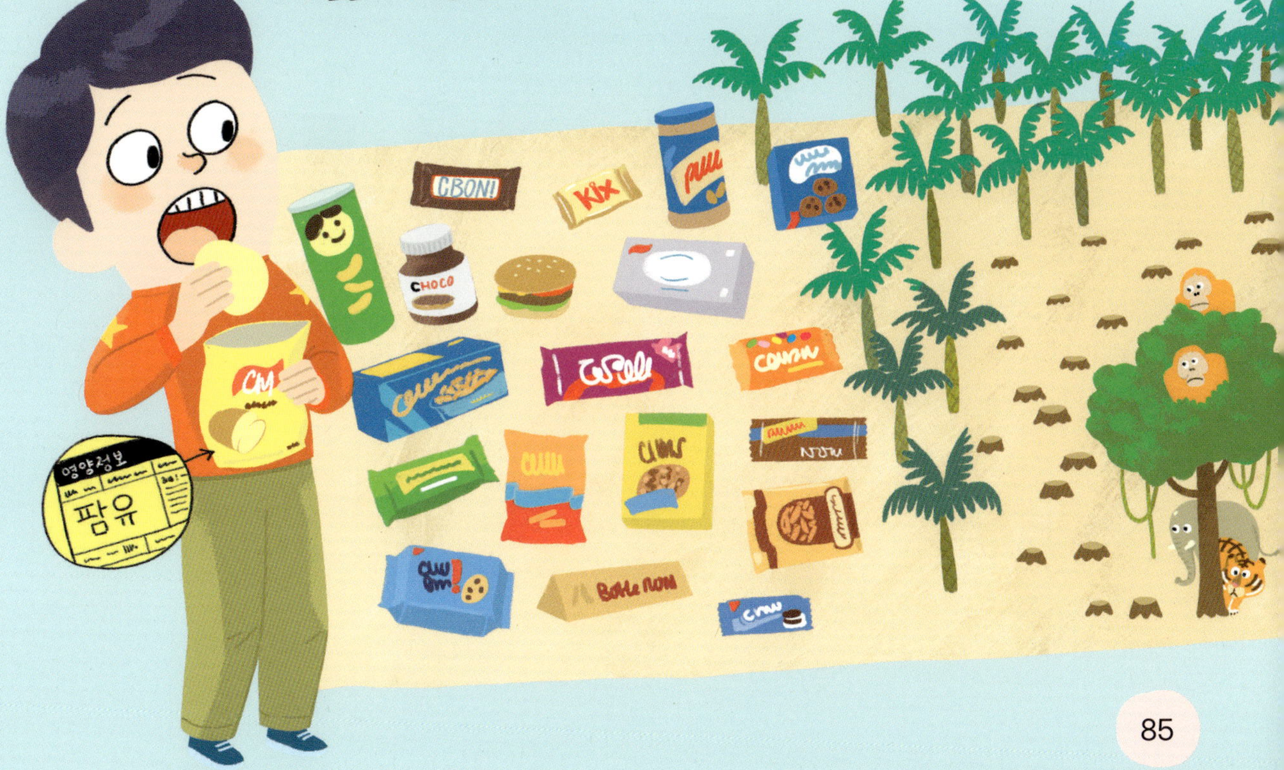

063 과자 봉지도 재활용 쓰레기로 버려야 한다고?

과자를 먹고 남은 과자 봉지는 비닐류에 따로 버려야 할까,
종량제 봉투에 버려야 할까?

일상에서 많이 생기는 비닐 쓰레기는
재질과 오염도에 따라 다르게 분리배출해야 해.
깨끗하고 오염이 없는 일반 비닐류(투명한 비닐봉지, 비닐 포장지)는
재활용 쓰레기로 분리배출할 수 있지만,
알루미늄 코팅이 되어 있거나 오염된 비닐류(과자나 라면 봉지, 오염된 지퍼백 등)는
일반 쓰레기여서 종량제 봉투에 버려야 한단다.
이 기준은 지역별로 달라서, 내가 사는 지역에서는 분리배출을 어떻게 하는지
꼭 확인하고 버려야 해.

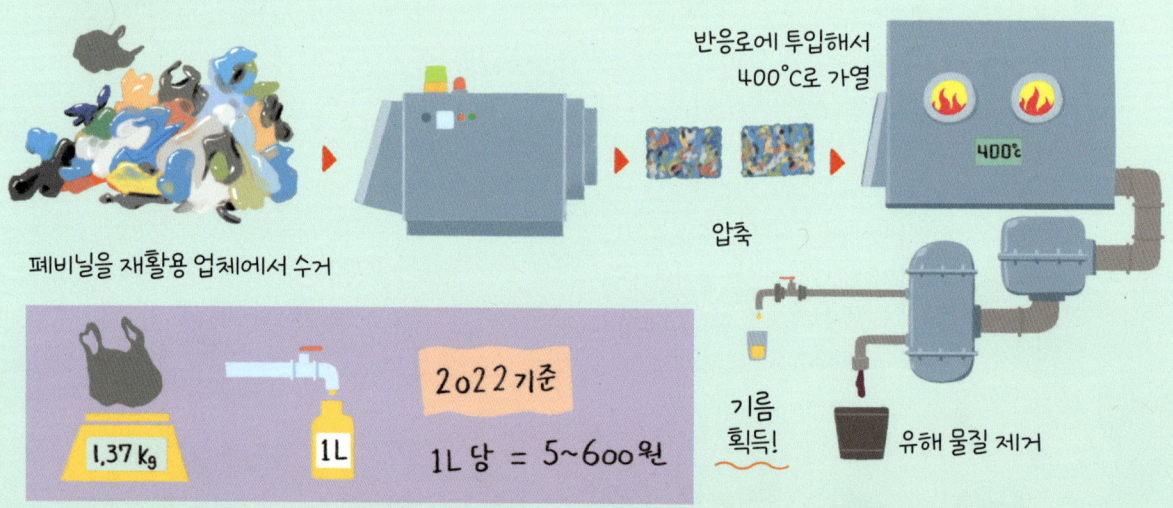

비닐류는 대부분 태워서 연료로 사용해. 또는 열로 분해한 후에 기름(재생유)으로 뽑아서
비닐하우스를 따뜻하게 만들거나 발전기를 작동시키는 데 사용하고 있어.
지역에 따라 처리하는 업체가 없으면 소각하지.

비닐이 재활용되기 위해선 내용물을 비우고 물로 씻어서 버려야 해.
그리고 재활용 선별장에서 바람을 불어 비닐인지 아닌지 구별하기 때문에
접어서 버리지 말고 꼭 펴서 버려야 하지.
만약 비닐류를 버리는 곳이 없다면 분리배출함 설치를 요구해 보자!

 건강

064 화학 물질은 왜 위험할까?

화학 물질이란, 화학적인 방법에 따라 인공적으로 만들어진 물질이야.
우리가 사용하는 물건 중에 눈에 보이지 않지만
우리 몸에 정말 위험한 화학 물질이 들어 있을 수 있대.

어린이는 어른보다 피부가 더 얇고 섬세해서 화학 물질의 흡수가 더 빨라.
화학 물질이 몸의 기관에 들어와 호르몬처럼 작용하는 물질을
내분비 교란 물질이라고 해. 흔히 환경 호르몬이라고 하지.
환경 호르몬은 공격성과 충동성을 높이기도 하고,
지능 발달과 성장을 늦추기도 한단다.

침대에 있는 라돈은 폐암 유발!

가습기 살균제는 폐 염증 유발!

배설계	생식계	내분비계	순환계	소화계	호흡계	면역계
과체중, 비만, 당뇨병	미성숙, 불임, 기형	뇌질환, 과체중, 호르몬 이상	빈혈, 백혈병	간염, 간경화	기관지염, 폐암	알레르기, 면역 기능 저하

화장품, 방향제, 스프레이에서 많이 나오는 프탈레이트는
집중력과 생식 기능을 떨어뜨리고 암을 유발할 수 있어.
새 옷과 염색약에 남아 있는 포름알데히드는
눈과 코, 목을 자극하고 피부를 가렵게 하지.
오랜 기간 노출되면 마찬가지로 암을 유발하기도 한단다.

그래서 물건을 살 때 나쁜 화학 물질이 있는지 꼭 확인하고
평소에 장난감이나 학용품을 사용할 땐 환기를 자주 해 줘야 안전해.
또, 최대한 손을 입에 대지 않고 깨끗이 씻어 줘야 한다는 것, 잊지 말자!

샴푸, 치약은 간암 유발!

프라이팬 코팅은 간암이나 기형 유발!

 기후

065 전쟁이 기후 변화와 관련 있다고?

전쟁은 국가나 단체끼리 서로 무력으로 싸우는 행위를 말해.
그런데 전쟁이 왜 기후 변화와 관련 있는 걸까?

전투기와 탱크를 움직이기 위해 연료를 사용하고, 폭격으로 인해 화재가 발생하고, 건물이 부서지면서 엄청난 먼지와 이산화 탄소가 발생하기 때문이야.

전쟁은 왜 일어나냐고? 인간의 욕심 때문에 일어나.
땅을 빼앗기 위해, 화석 연료와 식량, 물을 얻기 위해 전쟁을 하고 있지.

반대로 기후 변화 때문에 전쟁이 일어나기도 해.
최초의 '기후전쟁'이라고 불리는 다르푸르 분쟁이 그 예야.
2003년, 기후 변화로 인해 아프리카 수단의
다르푸르 지역에 비가 적게 왔어.
그래서 가뭄과 사막화가 진행됐고 식량 재배지가 줄어들었지.
줄어든 식량 재배지를 두고 인종 간에 다툼이 발생해
약 8년간 45만 명이 목숨을 잃었단다.

전쟁 때문에 전체 온실가스의 약 6%가 배출되고 있다고!

선진국이 아니면 전쟁으로 발생한 이산화 탄소를 측정하지 않으니까 상관없어!

이렇게 전쟁과 전쟁으로 인한 기후 변화가 없는 안전한 세상에서 살려면
서로 배려하는 마음을 가지는 게 중요해.
그리고 기후 변화를 완화하기 위해 온실가스 배출을 줄이는 것도 중요해.

러시아·우크라이나 전쟁에서의 온실가스 원인

 탱크 연료 화물 공급 폭발물 제조 난민 이동 복구 활동 군사 장비 제조 화재 전기용 연료

쓰레기 066 전자 제품은 버리는 방법이 따로 있다고?

스마트폰, TV, 컴퓨터, 노트북 등 전자 제품이 없는 생활은 정말 상상하기가 어려워.
기술이 발전하면서 우리의 생활은 편리해졌지만 전자 제품 쓰레기는 더 늘어나고 있대.
제품들이 수명을 다하면 어떻게 버려야 할까?

전자 제품은 그냥 버리면 안에 있는 중금속과 냉매가
땅이나 대기에 나쁜 영향을 주기 때문에 반드시 따로 모아서 버려야 해.
쓰레기에 폐기물 스티커를 붙여서 버리거나,
주민센터에 가져가서 소형 가전을 버릴 수 있는 공간에 버리면 된단다.

제품에 따라 제품을 만든 기업이 직접 수거해 가기도 하고,
무료로 수거해 가는 서비스도 있으니까
잘 기억해 두었다가 처리하는 것도 하나의 방법이야!

스마트폰, 컴퓨터 같은 전자 기기는
수리해서 오래 사용하는 것이 가장 좋은 방법이란다.

이렇게 버리면 안돼요

폐기물 스티커

이렇게 버려야 해요

067 버려진 물이 어떻게 마시는 물로 바뀔까?

아프리카에는 물을 마시지 못하고 죽어가는 사람들이 많아.
우리나라처럼 깨끗한 물을 마실 수 있는 건 정말 행운이야.
우리가 버린 물은 어떻게 다시 마시는 물로 바뀌는 걸까?

비가 내려 댐과 강에 모인 물은 흘러서 취수장에 모여.
모인 물은 착수정으로 이동시켜 큰 입자의 오염 물질을 가라앉히지.
그다음, 물속에 응집제를 넣어 입자가 작은 불순물들을 뭉쳐 준단다.
뭉쳐진 불순물을 '플록'이라고 해.

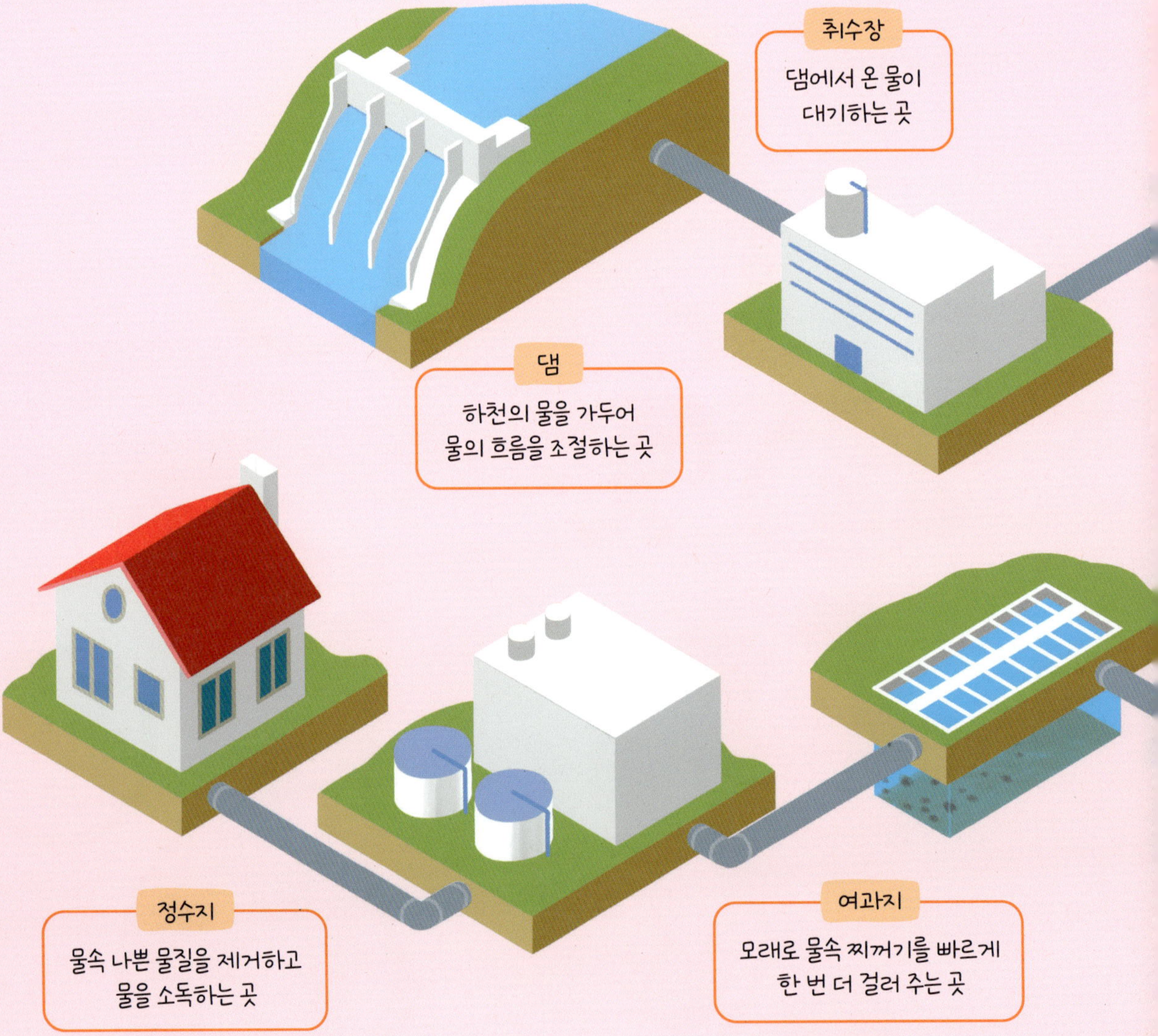

취수장
댐에서 온 물이 대기하는 곳

댐
하천의 물을 가두어 물의 흐름을 조절하는 곳

정수지
물속 나쁜 물질을 제거하고 물을 소독하는 곳

여과지
모래로 물속 찌꺼기를 빠르게 한 번 더 걸러 주는 곳

여과지에서는 물을 모래와 자갈층에 통과시켜 더 깨끗하게 만들어.
마지막으로 소독해서 인체에 해로운 세균을 없애지.
이렇게 걸러진 물은 배수지에 저장해서 가정이나 학교 등으로 보낸대.
그러면 다시 깨끗한 물을 마시고, 요리하고, 씻는 데 사용할 수 있게 된단다!

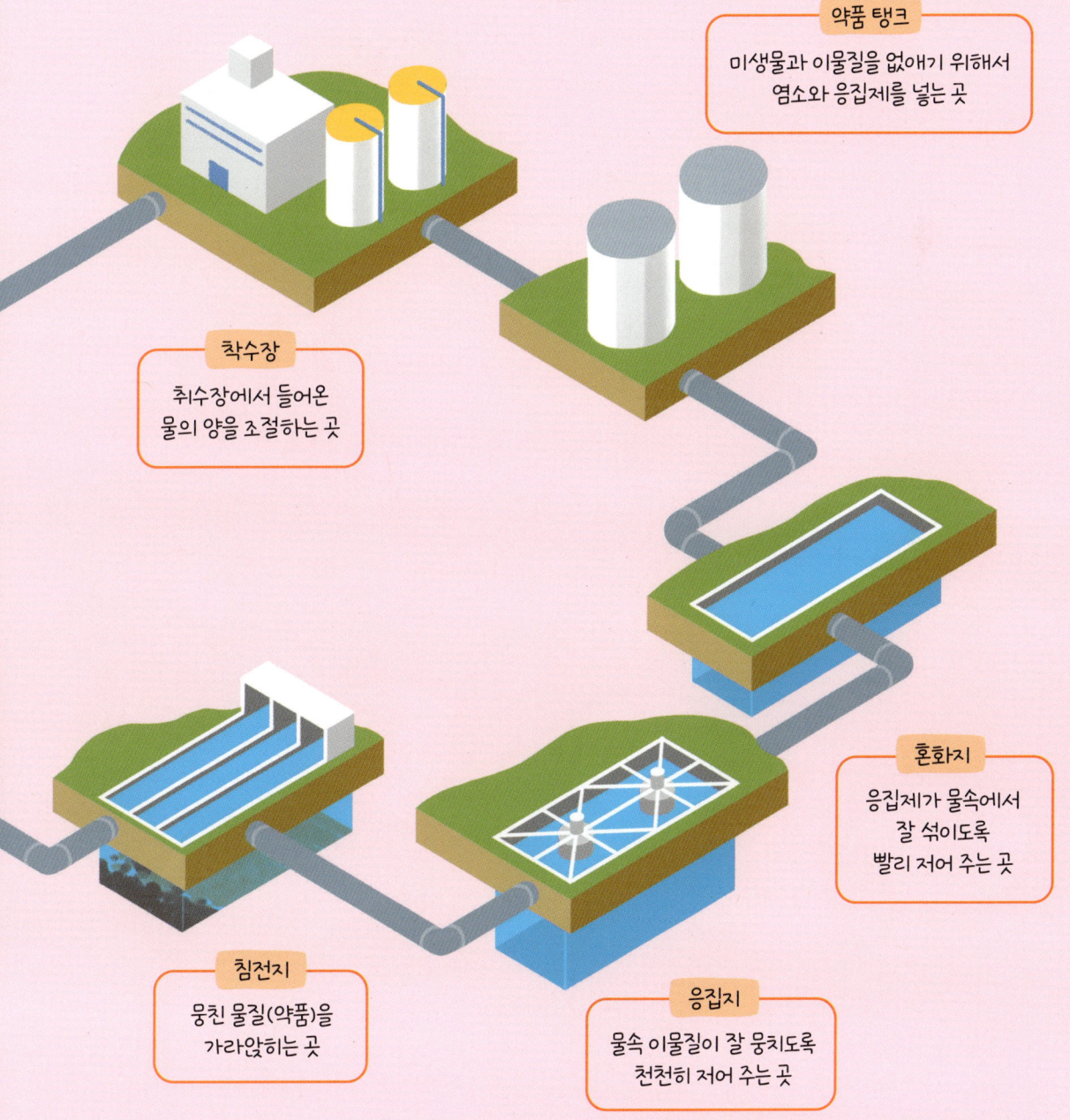

약품 탱크
미생물과 이물질을 없애기 위해서
염소와 응집제를 넣는 곳

착수장
취수장에서 들어온
물의 양을 조절하는 곳

혼화지
응집제가 물속에서
잘 섞이도록
빨리 저어 주는 곳

침전지
뭉친 물질(약품)을
가라앉히는 곳

응집지
물속 이물질이 잘 뭉치도록
천천히 저어 주는 곳

068 지렁이가 흙을 살린다고?

비 오는 날에 길바닥을 보면 지렁이가 많이 보이지?
이 지렁이가 우리에게 정말 중요한 존재라는 걸 알고 있니?

지렁이는 흙 속을 이리저리 기어다니면서 길을 만들어.
그러면 길을 통해 흙 속으로 바람이 잘 들어와서 흙이 부드러워지지.
또, 식물의 뿌리가 더 깊게 내려갈 수 있어서 식물이 쑥쑥 자랄 수 있단다.

지렁이는 음식물, 낙엽, 죽은 나무 등을 먹고 자기 몸의 2배나 되는 똥을 매일 싼대.
이 똥에는 흙에 좋은 유기물이 풍부해서 흙의 영양이 좋아지고 미생물이 증가해.
그래서 다시 식물들이 잘 자라게 도와줘.

지렁이는 새, 두더지, 개구리 등의 먹이가 되기도 해.
먹이 사슬에 없어서는 안 될 중요한 생물이야.
그러니까 이제부터 지렁이를 소중하게 여기고
감사하는 마음을 가져 보자!

10월 21 지렁이의 날!

과일 껍질 좋아!
야채 좋아!
튀김 싫어!
딱딱한 오렌지 껍질도 싫어!

지렁이는 흙속에 있는 더러운 물질을 없애 줘.

지렁이의 배설물로 만든 비료는 농작물을 키우는 데 도움이 돼.

069 음식물 쓰레기는 왜 지구를 아프게 할까?

급식 시간에 선생님이 음식을 남기지 말라고 많이 말씀하셨지?
왜냐하면 음식물 쓰레기가 환경을 파괴하기 때문이야.

특히 우리나라 음식에는 국물 요리가 많아서
음식물 쓰레기에도 수분이 98% 정도 들어 있어. 그래서 썩기가 쉽지.
또, 소금기가 많아서 음식물 쓰레기를 처리하는 기계를 부식시켜.

음식물 쓰레기를 처리하려면 소각해야 해서 많은 열에너지가 필요해.
소각하는 과정에서는 나쁜 물질들을 정말 많이 배출시키지.
일부는 독성이 있기 때문에 호흡기 질환을 일으킬 수 있고,
흙이나 수질 오염도 일으켜 생태계를 아프게 한대.
그래서 우리는 음식물 쓰레기를 줄여야 해.

음식물 쓰레기에 톱밥을 섞으면 분해가 더 잘 돼서 흙으로 쉽게 돌려보낼 수 있대!

음식물 쓰레기를 줄이는 방법으로는
국물을 낸 요리 재료를 다시 사용하거나,
음식물 쓰레기에 톱밥 또는 식물을 섞어서 분해한 후
흙으로 돌려보내는 방법 등이 있어.
하지만 음식물을 남기지 않는 것이 가장 좋은 방법이란다!

쓰레기 070 굴껍질은 음식물 쓰레기일까?

귤껍질은 음식물 쓰레기로 버리고, 양파껍질은 일반 쓰레기로 버려야 한대.
둘 다 껍질인데 어떤 기준으로 버리는 걸까?

국내에서 처리되는 음식물 쓰레기의 기준은 바로 '동물이 먹을 수 있는지'야.
동물이 먹을 수 있으면 음식물 쓰레기고,
동물이 먹을 수 없으면 음식물 쓰레기가 아니야.
음식물 쓰레기는 닭의 사료가 되거나 흙의 퇴비로 만들어지기 때문이지.

귤, 사과, 바나나처럼 부드러운 과일의 껍질은 음식물 쓰레기로,
아보카도처럼 질긴 과일의 껍질은 일반 쓰레기로 버려야 해.
또, 양파껍질은 동물들이 먹으면 소화가 어렵기 때문에
음식물 쓰레기가 될 수 없단다.
하지만 지역마다 음식물 쓰레기의 기준이 달라서
꼭 자신이 살고 있는 지역의 음식물 쓰레기 처리 기준을 확인하고 버려야 해.

음식물을 분류하는 것도 중요하지만
무엇보다 비닐봉지나 플라스틱 같은 다른 쓰레기가 섞이지 않도록
조심하는 것이 중요해!

071 똥으로 가로등을 켤 수 있다고?

똥은 냄새도 나고 보기에도 좋지 않아.
그런데 똥을 훌륭하게 쓸 수 있는 방법이 있대!

똥은 천연 비료가 될 수 있어.
똥에 벼의 껍질인 왕겨를 뿌리고 낙엽으로 덮어 두면 천연 퇴비가 돼.
곡물과 식물을 잘 자라게 하는 거름이 되는 거야.

똥은 에너지가 될 수도 있어.
똥과 오줌에 미생물을 넣어 발효시키면 메테인가스가 발생해.
이 메테인가스를 다시 에너지로 쓰면 지구에 도움이 돼.
자원을 재활용하면서 온실 효과가 줄어들기 때문이지.
강아지 똥에서 나온 메테인가스로 에너지를 만들어
가로등을 밝힌 과학자도 있었어.

생물체에 의해 만들어지는 메테인가스를 바이오가스라고 해!

쓰레기 072 쓰레기를 줄이려면 어떻게 해야 할까?

쓰레기는 처음부터 쓰레기가 아니었어. 대부분 우리에게 필요한 물건이었지.
물건이 쓰레기가 되는 것을 줄이려면 어떻게 해야 하는지 알아보자.

물건을 열심히 사용하다가 필요 없어져서 버린 경험들 많지?
물건을 많이 버리지 않으려면 꼭 필요한 물건만 구매하는 게 중요해.
오래도록 고쳐 쓰거나 중고 제품을 이용하는 것도 좋아.
기부하거나 중고로 판매하는 것도 방법이지.

만약 물건이 고장나거나 더 이상 필요하지 않아서
버려야 한다면 분리배출을 잘 해야 해.
분리배출을 잘 하려면 재활용이 잘 되는
친환경 물건을 사는 게 중요하단다.
그러니까 일회용품은 사지 말아야겠지?

기업은 쓰레기와 탄소가 적게 나오거나 재활용이 잘 되는 제품을 만들고,
정부는 쓰레기를 줄이기 위해 각종 법을 만들고 관리해야 해.
무엇보다도 우리 모두 물건을 소중하게 다루는 태도가 필요하단다.

073 환경을 생각하는 경영 방법이 있다고?

기업은 우리 삶에 필요한 물건과 서비스를 제공해 주는 곳이야.
하지만 기업이 단순히 돈을 벌기 위해
환경을 파괴하고, 노동자들을 착취하고, 부정적인 행위를 한다면 어떨까?
이는 우리 모두에게 해로운 일이 될 거야.

그래서 ESG 경영이 탄생했어.

환경을 잘 보호하고 탄소를 줄이는 E! (Environmental, 환경)
직원들의 안전과 권리를 보장하며 지역 사회를 돕는 S! (Social, 사회)
뇌물과 청탁 없이 청렴하고 투명하게 경영하는 G! (Governance, 지배 구조)

기업이 오직 이익만을 추구하는 것에서 벗어나
더 좋은 세상을 만들기 위해 환경을 돌보고, 사회를 위해서 기부와 교육을 하고,
지배 구조를 기업 윤리에 맞게 개선하자는 뜻이란다.

ESG 경영은 요즘 회사들이 꼭 챙겨야 하는 부분이야.
왜냐하면 회사에 투자하는 사람들이 아주 중요하게 생각하고 있거든.
ESG 경영을 적극적으로 할수록 투자금이 늘어나서 돈도 벌 수 있게 될 거야.

쓰레기 074 · 버린 페트병이 다시 새 물건이 된다고?

인류 최고의 발명품이자 최악의 발명품으로 손꼽히는 플라스틱!
알게 모르게 정말 많은 곳에 사용되면서 지구를 위협하고 있어.
플라스틱을 줄이려면 어떻게 해야 할까?

플라스틱을 줄이기 위해선 재활용품을 사용하는 게 좋아.
재활용품은 재활용이 가능한 물건으로 다시 만든 것이기 때문에
그만큼 자원, 에너지, 오염 물질을 줄일 수 있어.
대표적으로 버린 페트병을 활용해서 새로운 물건을 만들어.

어떻게 만드냐고? 우선 우리가 버린 페트병류를 모아서 씻어.
그리고 모래처럼 잘게 부수어서 칩인 플레이크를 만들지.
이 플레이크를 녹여서 엄청 얇은 실처럼 만들어. 이걸 펠릿이라고 해.
여기에 색을 입혀서 새로운 물건을 만든단다.
필통, 모자, 옷, 가방, 옷걸이, 레고 등으로 재탄생하는 거야!

이렇게 페트병을 새로운 물건으로 만들기 위해서는 분리배출을 잘 해야 해.
특히 투명 페트병은 남은 내용물을 비우고,
깨끗이 씻어서 비닐 라벨을 제거한 후에 분리배출하는 게 좋아.

비우고 · 헹구고 · 분리하고 · 섞지 않기

쓰레기가 작품이 된다고?

맞아. 쓰레기를 새활용해서 작품을 만들기도 한대.
재활용은 많이 들어봤는데, 새활용은 뭘까?

새활용은 버려진 물건을 더 가치 있는 새로운 물건으로 만드는 거야.
영어로는 '업사이클링(upcycling)'이라고 해.

더 이상 입지 않는 청바지로 필통을 만들거나 티셔츠로 인형을 만들 수 있어.
양말목으로 컵 받침, 인형, 가방, 매트를 만들기도 해.
폐현수막으로 가방을 만들거나, 페트병 뚜껑을 녹여 열쇠고리를 만들기도 하지.
이렇게 쓰레기가 다양한 예술 작품이나 생활용품으로 탄생하고 있어.

우리도 버려지는 제품을 활용해 작품을 만들어 볼까?

새활용 (Upcycling, 업사이클링)	재활용 (Recycling, 리사이클링)	재사용 (Reusing, 리유징)
폐기물, 사용되지 않은 제품에 디자인을 더해 새로운 제품이나 소재로 바꾸는 것	사용 후 버려진 제품과 폐기물을 물리적·화학적으로 처리하여 새로운 재료나 제품으로 만든 다음 다시 사용하는 것	한 번 사용한 제품을 그대로 다시 사용하는 것

건강 076 가축들이 싼 똥과 오줌 때문에 병에 걸린다고?

2017년, 어린이들이 햄버거를 먹고 피가 섞인 똥을 누는 일이 발생했어.
미국에서는 같은 병에 걸려서 합병증으로 죽기도 했대.
이유가 무엇일까?

만들고 유통하는 과정에서 대장균으로 오염된 햄버거 패티를 먹었기 때문이야.
대장균에 오염된 패티를 덜 익힌 채로 먹으면 세균이 살아 있어서 치명적일 수 있어.
쉽게 말해서 식중독에 걸리는 거지.

원래 가축의 장 속에는 대장균과 같은 다양한 세균이 흔하게 존재해.
그런데 특히 공장처럼 가축을 기르는 환경에서 세균에 더 많이 노출돼.
가축의 똥과 오줌으로 이루어진 축산 폐수는 불법으로 버려지면서
하천으로 흘러가게 되어 농작물을 오염시키기도 해.
또, 가축의 똥과 오줌으로 만든 퇴비를 통해 채소가 오염되기도 하지.

이런 세균성 감염병이 퍼지는 걸 예방하기 위해
감염병에 걸린 동물들을 산 채로 땅에 묻기도 하는데
이 동물들이 썩으면서 오히려 엄청난 대장균과 항생제가 흘러나온다고 해.

살아 있는 동물에게도 열악하고 인간의 건강도 위협하는
공장식 사육 환경이 지속되면 감염병이 끊임없이 되풀이될 수도 있어.
그래서 가축을 기르는 새롭고 친환경적인 방법이 필요한 시점이야.
우선 우리는 몸에도, 지구 환경에도 좋지 않은 햄버거부터 멀리하는 게 좋겠지?

국내 식중독 통계

*출처: 식품안전나라

1위 살모넬라
(계란)

2위 병원성 대장균
(소고기, 돼지고기)

3위 노로 바이러스
(생선회, 날 음식)

4위 클로스트리디움
퍼프린젠스
(실온 보관한 닭고기)

생태계 077

갯벌이 사라지면 바다가 오염된다고?

갯벌에서 열리는 머드 축제에 참여해 본 적 있니?
갯벌은 해마다 관광객들도 많이 찾는 곳이야.
그런데 해수면이 상승해 갯벌이 점점 사라지고 있다는 슬픈 소식이 있어.
갯벌이 사라지면 어떤 일이 발생할까?

> 난 석탄 같은 화석 연료를 태우면 나오는 탄소야!

블랙 카본

> 난 땅에서 흡수되는 탄소야!

그린 카본

> 난 해양 생태계에서 흡수되는 탄소야!

블루 카본

우리나라 갯벌은 약 4,800만 t의 이산화 탄소를 저장하고 있대.
1년 동안 26~29만 t의 이산화 탄소를 흡수하지.
철새들은 이동하다가 갯벌에서 먹이를 먹고 에너지를 보충하며 쉬어 가곤 해.
갯벌 속에 살고 있는 수많은 미생물들은 유기물을 분해해서 물을 깨끗하게 한단다.

만약 갯벌이 사라지면 이산화 탄소를 흡수하는 흡수원이 줄어드는 것이기 때문에
기후 위기가 더 심해질 거야. 철새들이 쉬어 갈 곳이 없어지고,
유기물을 분해하지 못해서 깨끗한 바다를 보기도 어려워질 거야.

그래서 갯벌을 오래 보기 위해 갯벌 개발을 제한하고,
사라져 가는 갯벌을 복원하기 위해 노력해야 해.

> 내가 1년에 흡수하는 탄소의 양은 승용차 11만 대가 내뿜는 양이라고!

078 바다에서 전기를 만든다고?

경기도의 시화호에 가 본 적 있니?
바다였다가 호수로 변한 이곳은 생태계가 망가져 버린 적이 있었어.
그래서 호수의 물을 깨끗하게 하기 위해 바닷가의 둑인 방조제를 열고 바닷물을 들여온 적이 있지.
이때 설치된 방조제를 활용해서 조력 발전소를 설치했다고 해.

조력 발전소란, 바다의 원리를 이용해서 전기를 만드는 시설이야.
밀물과 썰물의 높이 차이를 이용하여 전기를 만들지.
밀물 때 채워 둔 물을 썰물 때 내보내면 높은 곳에서 낮은 곳으로 물이 이동해.
이때 이동하는 물이 발전기를 작동시켜서 전기 에너지를 만든단다.

조력 발전소는 우리나라 서해처럼 썰물과 밀물이 있는 곳에 설치할 수 있어.
재생 에너지의 하나로, 한 번 설치해 두면 오래도록 대규모 전기를 만들 수 있지.
우리나라 시화호조력발전소는 50만 명이 쓸 수 있는 전기를 만들어 낸대.

하지만 해양 생태계에 부정적인 영향을 많이 끼치기 때문에
설치하는 데 아주 신중해야 한단다.

조력 발전소는 멀리 보면 좋은 자원 에너지이지만 단점도 있어.
조력 발전소를 설치하면

① 갯벌의 면적이 줄어들고

② 바다의 자원이 줄어들어.

③ 홍수가 났을 때 피해가 많아지고

④ 경제적이지 않아서 돈이 많이 든단다.

103

079 이산화 탄소를 돈으로 사고팔 수 있을까?

이산화 탄소를 적게 배출하면 돈이 된다고 해.
보이지 않는 기체가 돈이 된다니? 이게 무슨 뜻일까?

각 기업은 온실가스를 배출권 10개만큼 배출할 수 있습니다.

전 세계적으로 탄소를 줄이기 위해 여러 법을 시행하고 있어.
그중 우리나라는 '온실가스 배출권 거래제'를 시행하고 있지.

정부는 기업마다 탄소를 배출할 수 있는 총량을 정해 줘.
총량보다 많이 배출하는 기업은 그만큼 배출권을 더 사야 해.
그래서 배출권이 남는 기업으로부터 배출권을 구매하지.
이산화 탄소를 포함한 온실가스를 적게 배출할수록 배출권이 남기 때문에
배출권을 팔아 돈을 벌 수 있단다.

유럽 연합은 최근에 '탄소국경조정제도'를 도입했어.
유럽 연합은 탄소를 규제하고 있어서 물건의 가격이 높은 편이야.
탄소 규제가 약한 국가에서 수입된 저렴한 제품과 경쟁하면 더 불리해.
그래서 몇몇 기업들은 탄소 규제가 약한 국가에서 물건을 만들어
가격을 낮추고 경쟁력을 높이려고 시도했어.
이걸 방지하기 위해 규제가 약해서 탄소를 많이 배출하는 국가의 물건을 수입하면,
이 물건을 만드는 동안 발생한 탄소만큼 탄소국경조정금을 내게 하고 있어.

탄소 배출량에 대해 돈을 벌점처럼 매겨서
환경을 생각하는 나라와 기업들이 불이익을 받지 않도록 힘을 실어 주고,
유럽뿐만 아니라 전체 지구의 탄소 배출량을 줄이는 역할을 하는 거지.

우리나라 기업들도 유럽 연합으로 물건을 수출하려면
탄소국경조정금을 내게 될 거야.
경제적으로 손해를 줄이기 위해서는 탄소를 줄이려고 노력해야겠지?

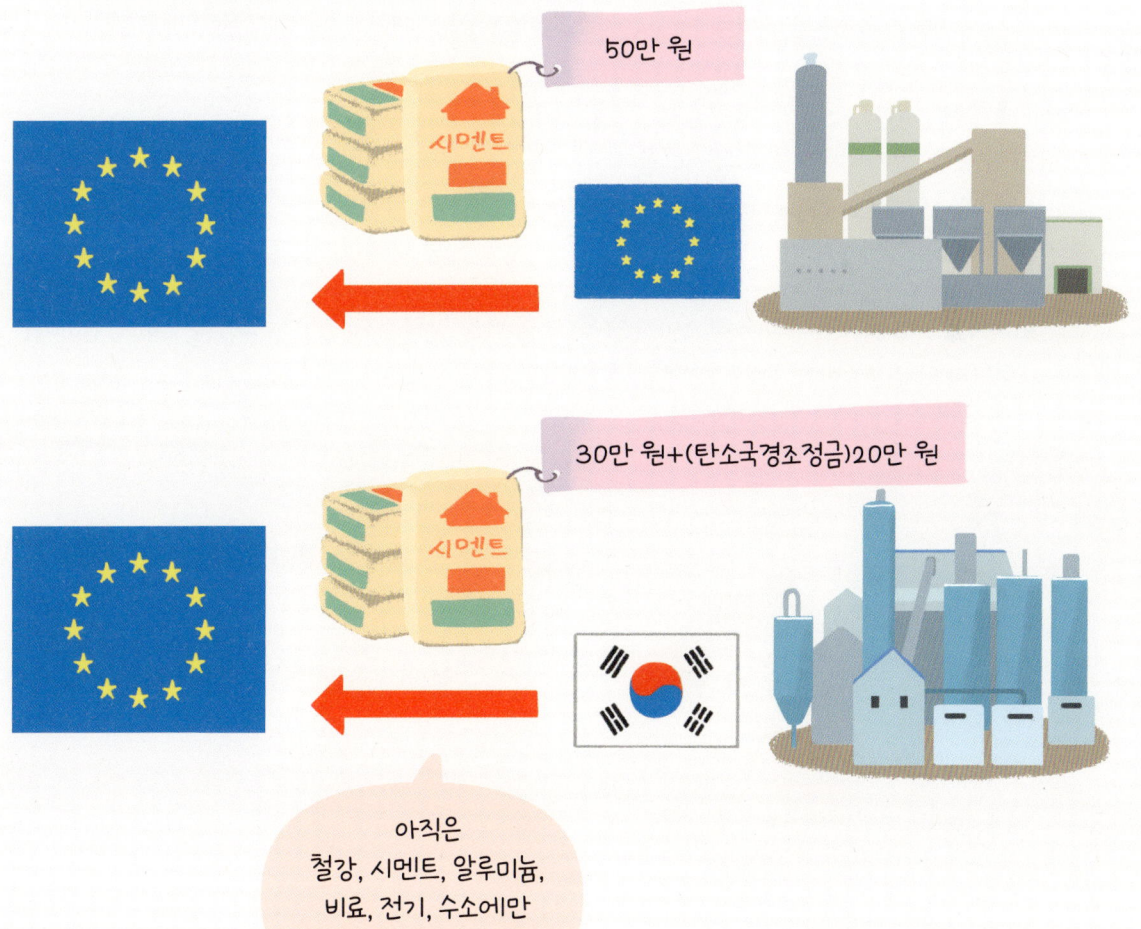

아직은
철강, 시멘트, 알루미늄,
비료, 전기, 수소에만
탄소국경조정금을 적용해.

105

080 돈으로 투표를 할 수 있다고?

투표는 민주주의 사회에서 정치인을 선거로 뽑을 때 필요한 과정이야.
국민은 투표를 통해 의견을 나타내지.
그런데 돈으로도 투표를 할 수 있대. 이게 무슨 뜻일까?

환경을 위해 노력하는 기업의 물건을 사서 그 기업을 응원하는 것을 '화폐투표'라고 해.

- 환경 보호 활동 기업 제품 구매
- 채식 제품 구매
- 중고 제품 구매
- 재활용 가능 제품 구매
- 제로 웨이스트 용품 구매
- 환경 단체 기부

쓰레기를 줄이기 위해 노력하는 상인들의 물건을 구매하고,
고기보다는 탄소 발자국이 적은 채식 제품을 사고, 재활용이 잘 되는 제품을 구매하는 거지.
또, 재생 에너지 사용을 늘리고, ESG 경영을 적극적으로 실천하는 기업의
물건을 사거나 주식에 투자할 수 있어. 환경을 위해 행동하는 단체에 기부도 할 수 있단다.

화폐투표는 생산자인 기업에게 소비자의 목소리를 가장 강력하게 전달할 수 있는 소비 방법이야!
그러니까 다같이 올바른 소비로 화폐투표를 해서 목소리를 내보자!

 쓰레기

081 가나 강이 옷으로 뒤덮였다고?

형형색색의 아름다운 옷과 새로운 장난감을 보면 신나지?
그런데 사실 이 화려함 뒤편에는 안타까운 현실이 가려져 있어.
우리가 쇼핑을 많이 할수록 바다와 강을 아프게 한대. 왜 그럴까?

옷을 만들고 폐기하기까지의 과정에서 환경을 오염시키기 때문이야.
옛날에는 삼베와 목화 같은 자연의 재료로 옷을 만들었지만,
현대에는 플라스틱이나 동물의 가죽, 털로 만들어서 생태계를 위협해.
옷감에 색을 물들이기 위해 많은 염료를 사용해서 하천을 오염시키기도 한단다.

또 팔리지 않은 옷은 개발 도상국으로 수출하는데,
그 양이 점점 늘어나 아프리카 가나의 강을 메우고 바다까지 오염시켰지.
수출한 옷의 절반은 쓰레기가 되어 버린대.

그러니까 지금 가지고 있는 옷들을
소중하게 다뤄서
최대한 오래 입는다면
지구를 지킬 수 있지 않을까?

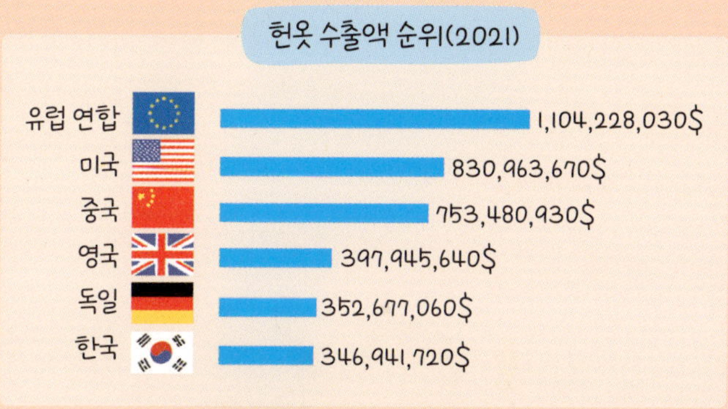

헌옷 수출액 순위(2021)

유럽 연합	1,104,228,030$
미국	830,963,670$
중국	753,480,930$
영국	397,945,640$
독일	352,677,060$
한국	346,941,720$

082 쓰레기를 수입한다고?

요새는 물건뿐만 아니라 쓰레기도 수입하고 수출한다고 해.
다 사용하고 버린 쓰레기를 왜 사고파는 걸까?

독일, 영국과 같이 폐기물을 처리하는 데 선진국인 나라도
재활용이 어려운 혼합 플라스틱은 처리 비용이 저렴한 국가로 돈을 주며 수출해.
이때 쓰레기가 제대로 처리되지 않아서
현지 주민들이 큰 피해를 보기도 하지만
돈을 벌기 위해 어쩔 수 없이 계속 수입한대.

우리나라는 일본과 중국으로부터
쓰레기를 수입해.
버려진 투명 페트병으로 만든
재생칩을 수입하고 있지.
이 재생칩으로 다양한 물건을 만들어.
하지만 아무리 재생칩이라 해도 수입하는 것보다
우리나라 플라스틱 쓰레기로 만드는 게 좋겠지?

한국 쓰레기 필리핀 수입 반대!

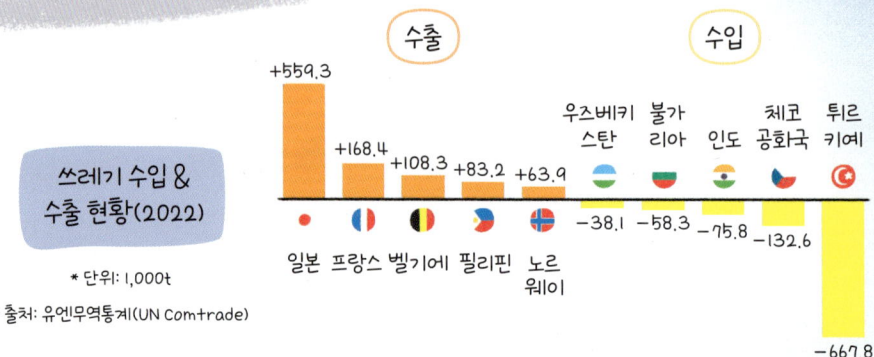

쓰레기 수입 & 수출 현황(2022)
* 단위: 1,000t
* 출처: 유엔무역통계(UN Comtrade)

수출: 일본 +559.3, 프랑스 +168.4, 벨기에 +108.3, 필리핀 +83.2, 노르웨이 +63.9
수입: 우즈베키스탄 -38.1, 불가리아 -58.3, 인도 -75.8, 체코 공화국 -132.6, 튀르키예 -667.8

 음식

083 프랑스 마트는 식품을 왜 기부하는 걸까?

프랑스의 대형 마트는 유통기한이 지났지만 팔리지 않은 멀쩡한 식품을 강제로 자선 단체나 푸드뱅크에 기부해야 한대.

- 한 해 동안 지구에서 생산되는 음식(40억 t)
- 그중 버려지는 음식량은 3분의 1 (약 13억 t)

팔리지 않은 제품들은 고스란히 쓰레기통으로 버려져 메테인가스와 이산화 탄소 같은 온실가스를 발생시켜. 그래서 프랑스는 대형 마트에서 이런 식품이 생기면 강제로 기부하는 법을 만들었고, 기부를 많이 할수록 세금을 줄여 주고 있대.

유통기한이 지나서 다 버려졌네. 사실 먹어도 탈이 나지 않는 소비 기한만 안 넘으면 먹어도 되는데 말이야.

미국에서도 이런 문제를 해결하기 위해 푸드뱅크를 시작했어.
품질에는 이상이 없지만 포장에 손상이 있는 식품을
저소득층과 끼니를 거르는 사람들에게 배급했지.
우리나라는 전국푸드뱅크에서 식품을 기부받아
필요한 사람들에게 나눠 주는 제도를 시행하고 있어.
경기도 수원시에서는 공유 냉장고를 설치해 주민들이 서로 나누고 싶은 음식을 공유하고 있단다.

정말 멋있지? 이런 아이디어가 더 좋은 세상을 만들 거야!

건강 084 소음 때문에 잠을 못 자는 사람이 있다고?

빵빵! 도로에서 들리는 차의 경적 소리와
쿵쿵! 밤늦게까지 들리는 음악 소리 때문에 잠을 못 잔 적이 있니?
이렇게 원치 않는 소리를 소음이라고 해.

공동 주택에서 생활하는 경우에는 가장 큰 문제가 바로 층간 소음이야.
특히 부실 공사로 지어진 주택들에서 발생하지.
어떤 집인지에 따라 소리가 쉽게 전달될 수 있기 때문에
밤이나 조용한 시간에는 어떤 소리든 소음이 될 수 있어.
학교나 대중교통에서 크게 떠드는 것도 소음이 될 수 있지.

소음을 들으면 깊은 수면과 대화를 방해할 수 있어.
계산 능력과 주의 집중력, 문장 이해도 떨어질 수 있단다.

그러니까 늦은 밤에는 문을 조심스럽게 닫고 가볍게 걸어 다녀야겠지?
세탁기, 청소기를 작동하거나 악기를 연주하는 것은 피해야 해.
복도에서 소리를 지르거나 시끄럽게 행동하지 않아야 하고,
대중교통을 이용할 때는 다른 사람들을 배려해 작게 대화해야 한단다.

데시벨	소리 예시
100dB(A)	경적 소리
90dB(A)	소음이 심한 공장
80dB(A)	지하철 소음
70dB(A)	전화 벨소리, 거리
60dB(A)	대화 소리
50dB(A)	조용한 회사
40dB(A)	조용한 거실
35dB(A)	조용한 공원
30dB(A)	한밤의 교회
20dB(A)	나뭇잎 소리

*출처: 환경부

# 철새는 왜 우리나라에 머무를까?

짹짹! 산과 바다는 물론 도시의 공원이나 길거리에서도 볼 수 있는 새!
지구상의 새 중 90%는 계절에 따라 서식지를 이동하는 철새래.
우리나라는 철새들에게 인기 지역이라고 하는데, 왜 그럴까?

난 멸종 위기에 처해 있는 겨울 철새야.

난 무리를 지어 생활하고 조개류를 먹고 사는 겨울 철새야.

검은머리갈매기

검둥오리

난 갯벌에 의존해서 먹이 활동을 하는 가장 작고 희귀한 여름 철새야.

난 모래 섞인 갯벌을 좋아하는 나그네새지.

저어새

넓적부리도요

난 우리나라 전국에서 종종 볼 수 있는 나그네새야.

말똥가리

검둥오리

바로 온도 변화에 민감한 철새들이 우리나라의 봄과 가을을 좋아하기 때문이야.
그리고 갯벌과 습지, 강 하구에 철새들이 좋아하는 먹을거리가 풍부하기 때문이지.
그래서 철새들의 공항이라고 불리기도 한단다. 멸종 위기종도 많이 머물다 가고 있어.

철새는 다른 대륙에서 날아와 우리나라를 거쳐 대부분 다시 날아가.
그런데 최근에는 기후 변화로 인해 따뜻한 날이 길어져서
여름 철새가 겨울까지 머물기도 한대.
이렇게 점점 철새가 한곳에서만 사는 텃새가 되어 버리면
기존의 텃새와 먹이를 두고 경쟁해서 먹이 사슬에도 영향을 미친단다.
점점 생태계의 균형이 깨지고 생물 다양성이 줄어들지.
그러면 앞으로 우리나라에서 다양한 겨울 철새를 만나기 어려울지도 몰라.

 기후

086 나이테로 기후를 알 수 있다고?

과거의 기후를 아는 방법은 여러 가지가 있어.
그중에서 나무의 나이테를 가지고 과거의 기후를 추측할 수 있다고 해.
어떻게 알 수 있을까?

나무는 성장하면서 자연스럽게 나이테가 생겨.
날씨가 추울 때는 나이테가 촘촘하게 생기고
날씨가 따뜻할 때는 넓게 생기지.
나무의 종과 관계없이 기후에 따라 나이테가 생기기 때문에
나이테를 보고 그 당시의 기후를 추측할 수 있다고 해.
정말 신기하지?

하지만 화산 폭발이 있었던 시기라면
화산재 같은 먼지가 햇빛을 일시적으로 차단해서 나무의 성장이
멈추기 때문에 당시의 기후를 추측하기 어려울 수도 있어.

1989년 → 2022년

북극 해빙 면적 비교
* 출처: 기상청북극해빙감시시스템

"빙하기가 10만 년마다 있었구나!"

"나이테가 넓은 것을 보아하니 이때는 다른 때보다 날씨가 따뜻했네!"

"1,550년마다 큰 집중 호우가 있었구나!"

또한 퇴적물을 분석해서 기후를 알 수도 있어.
특히 북극과 남극의 퇴적물을 연구해서
북극 지역에 360만 년 동안 네 번의 간빙기가 있었다고 밝혔지.
그중에서도 110만 년 전과 40만 년 전 간빙기에는
빙하가 존재할 수 없을 정도로 온도가 높았다는 사실을 밝혀냈단다.

"고대 유물 발견!"

087 나무를 150억 그루나 심은 사람이 있다고?

독일의 한 소년은 북극곰을 살리기 위해 나무 심기를 시작했고,
지금까지 150억 그루의 나무를 심었어.
혼자서는 불가능한 이 숫자, 어떻게 가능했을까?

펠릭스는 학교에서 나무를 심어야 하는 이유에 대해서 발표했어.
그리고 친구들을 모아 2007년부터 나무를 심기 시작했지.

나무 심기 운동을 알리기 위해 웹 사이트를 만들고,
다른 학교의 친구들에게 편지를 써서 같이 참여해 달라고 호소했어.
이 덕분에 많은 친구들이 나무 심기에 동참했대.

<*유넵 어린이 청소년 환경 회의>에서 발표를 한 덕분에
어른들도 관심을 가지고 전 세계적으로 퍼져 나갔단다.

나무를 1조 그루까지 심어 보자!

이렇게 펠릭스의 용기로 130여 개의 나라에서 150억 그루의 나무를 심을 수 있었어.
앞으로는 1조 그루의 나무를 심는 것이 목표라고 해! 대단하지?
우리도 할 수 있는 일을 찾아서 친구들과 함께 행동해 보자!

*유엔환경계획(UNEP)

088 딸기는 원래 겨울 과일이 아니라고?

사실 딸기는 봄이 제철이야. 놀랍지?
왜 우리는 딸기가 겨울 과일이라고 생각했을까?

비닐하우스에서 나온 플라스틱 때문에 살 수가 없어.

흙을 건강하게 만들어야 하는데 비닐하우스가 방해하고 있어.

왜냐하면 겨울에 비닐하우스를 따뜻하게 해서 딸기를 키웠기 때문이야.
비닐하우스는 비닐로 만든 온실인데 일정한 온도를 유지할 수 있어서
추운 겨울에도 과일이나 채소를 재배할 수 있게 도와주지.
전 세계적으로 정말 많이 사용되고 있단다.

그런데 이 비닐하우스를 사용하기 위해서 많은 에너지가 사용되고 있어.
겨울철에 따뜻한 온도를 유지하기 위해 난방을 하고
습도를 조절하기 위해 제습을 하고 있지.
또, 비닐하우스의 비닐에서 나오는 플라스틱은 시간이 흘러도
썩지 않고 잘게 부서져서 미세 플라스틱으로 변하게 돼.
미세 플라스틱은 흙과 강물을 오염시킨단다.

그러니까 환경을 위해서도 건강을 위해서도
제철 채소와 과일을 먹는 건 어떨까?

 기후

089 눈사람이 사라질 수도 있다고?

겨울은 '하루 평균 기온이 5℃ 아래로 떨어진 뒤, 다시 올라가지 않는 첫날'에 시작돼.
제주도는 평균 기온이 계속 높아서 겨울이 없던 해도 있었다는데,
지구가 따뜻해지면 겨울이 정말 사라질 수도 있을까?

트레와다 기후 구분

열대 기후	건조 기후	온대 기후	냉대 기후	한대 기후	고산 기후
기온이 높고 비가 많이 내리며 습도가 높습니다.	사막이나 초원이 발달했습니다. 낮과 밤의 기온 차가 30~40℃입니다.	뚜렷한 사계절이 있고 적당한 강수량과 온화한 기온이 나타납니다.	사계절이 있지만 겨울이 길고 눈이 많이 내립니다.	일 년 내내 눈과 얼음으로 덮여 있습니다. 북극에는 소수 민족이 살고 남극에는 펭귄이 살고 있습니다.	산맥 지역에 주로 나타납니다. 여름이 시원하고 일교차가 큽니다.

온대와 냉대 기후에 속하는 우리나라는 점점 평균 기온이 오르고 있어.
그래서 겨울의 특징이 바뀔 수도 있다고 해.

미래의 겨울에는 날이 더 따뜻해지고 눈이 덜 내릴 거야.
추울 때만 활동하는 동식물들이 사라져서 생태계가 바뀌고
우리의 생활과 먹거리에도 많은 변화가 생길 거야.
겨울철에 꽃이 피거나 과일이 익을 수도 있어.

만약 지금과 같이 온실가스를 계속 배출한다면
2100년쯤엔 우리나라 남부 지방에 겨울이 사라질 수도 있대.
우리가 할머니, 할아버지가 되면
더 이상 눈사람을 볼 수 없을지도 몰라.

나는 더위에 약한 붉은점모시나비야.
지구가 너무 더워져서 한국에서 살기가 어려워졌어!

나는 크리스마스 트리로 쓰이는 구상나무야.
태풍과 가뭄으로 멸종 위기에 처했어!

나는 강원도에 사는 긴점박이올빼미야.
기후가 바뀌고 산림이 파괴되면서 서식지가 줄었어.

멸종 위기종을 보호하려면 어떻게 해야 할까?

멸종 위기종이 점점 증가해서 앞으로 볼 수 없는 생물이 늘어나고 있어.
그렇다면 멸종 위기종을 어떻게 보호할 수 있을까?

멸종 위기종을 보호하려면 원인을 먼저 알아야 해.
생물종이 줄어드는 가장 큰 이유는
마구잡이로 동물을 잡거나(남획) 식물을 캐기 때문이야(채취).
그리고 서식지가 바뀌거나 없어지면서 살아갈 터전을 잃게 되는 경우,
서식지 환경이 오염되거나 기후가 변화되는 경우에도 생물종이 줄어들고 있어.

멸종 위기종을 보호하려면 먼저 불법 남획과 무분별한 채취를
철저하게 관리해야 해.

그리고 생물들의 서식지를 보호해야 한단다.
우리는 생물들의 서식지엔 최대한 드나들지 않아야 해.
동물들을 함부로 만지지 않고, 식물도 억지로 꺾거나
캐지 말아야 하지.
우리 다같이 파괴는 멈추고, 자연 회복에 힘을 써볼까?

생물종 감소 원인 그래프(2014)
* 출처: 세계자연기금(WWF)

- 37% 남획, 채취
- 31.4% 서식지 변화
- 13.4% 서식지 손실
- 7.1% 기후 변화
- 5.1% 외래 생물 침입
- 4% 오염
- 2% 질병

091 수소에도 여러 종류가 있다고?

우리는 보통 수소를 하나라고 생각하지만 수소에도 여러 가지 종류가 있대.
한번 살펴볼까?

수소가 공기와 만나면 에너지를 발생시키는데, 이것을 그린 수소라고 해.
오염 물질과 온실가스 배출이 거의 없어서 친환경 에너지 중에 가장 주목받고 있어.
하지만 너무 비싸다는 단점이 있지.

그래서 지금은 대부분 화석 연료로 생산하는 그레이 수소를 사용하고 있어.
하지만 그레이 수소는 만들어 낼 때 이산화 탄소가 발생해서 환경에 좋지 않아.

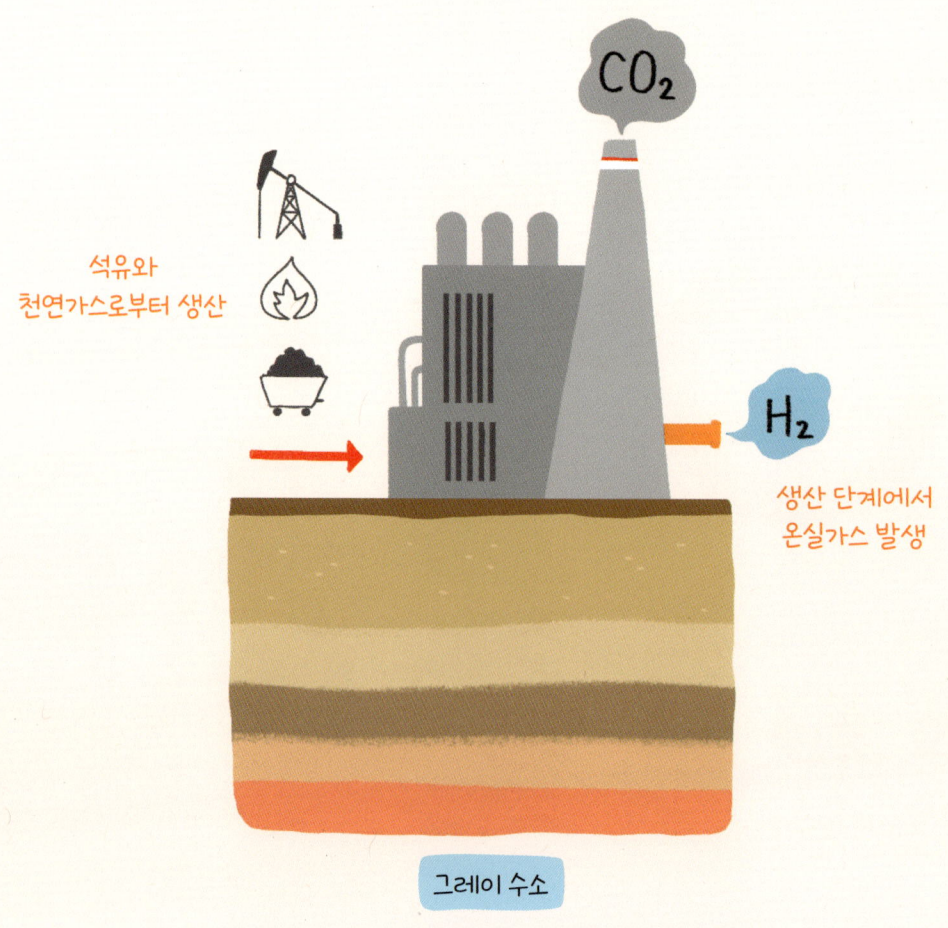

그레이 수소
1kg당 10kg의 이산화 탄소가 발생해 온실 효과 증가

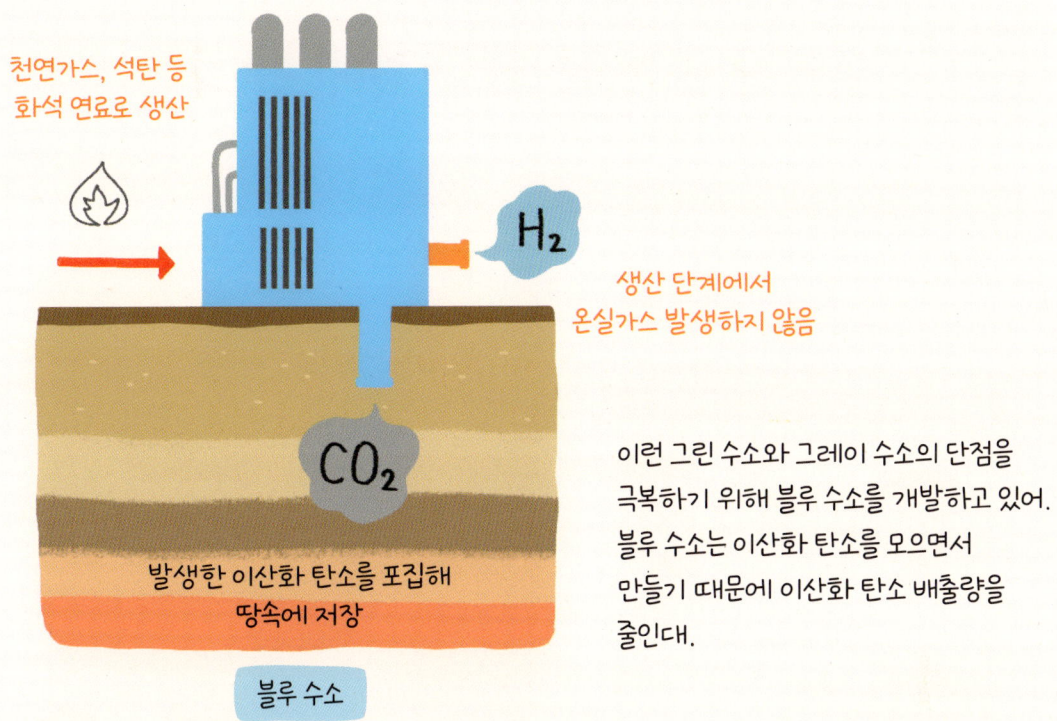

이런 그린 수소와 그레이 수소의 단점을 극복하기 위해 블루 수소를 개발하고 있어. 블루 수소는 이산화 탄소를 모으면서 만들기 때문에 이산화 탄소 배출량을 줄인대.

하지만 생산할 때 온실가스인 메테인가스를 사용하고, 화석 연료로 만든 많은 양의 전기를 사용해서 블루 수소도 친환경이라고 하긴 어려워. 그래서 전 세계적으로 친환경 그린 수소를 생산하기 위해 기술을 개발하고 있어.

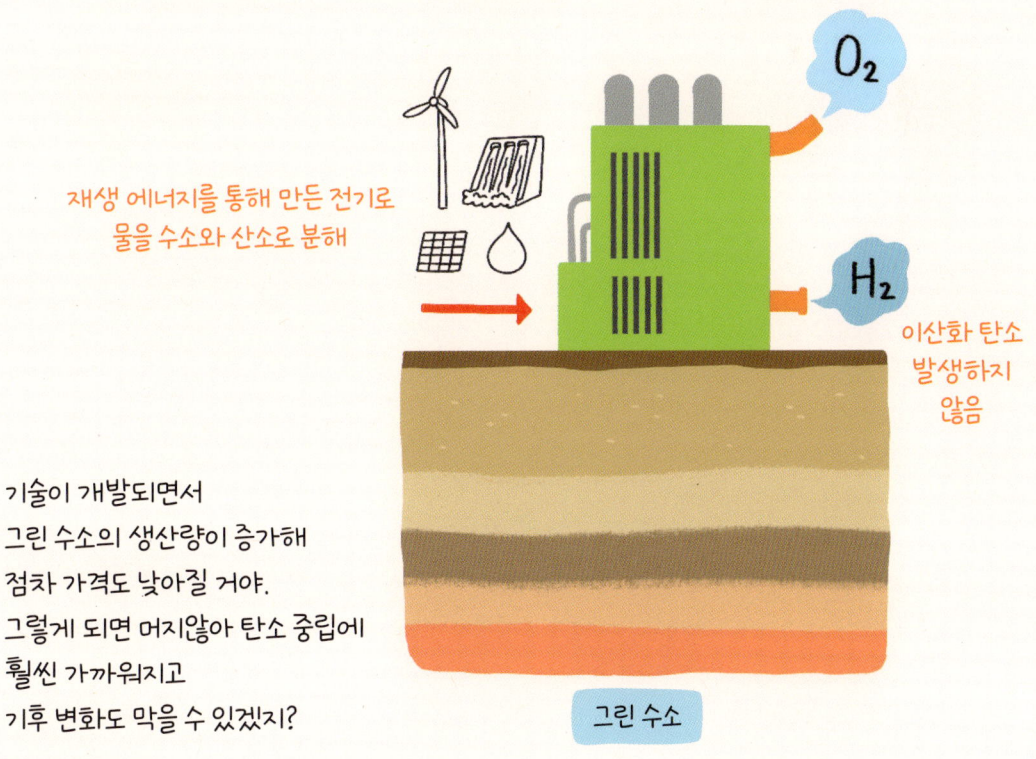

기술이 개발되면서 그린 수소의 생산량이 증가해 점차 가격도 낮아질 거야. 그렇게 되면 머지않아 탄소 중립에 훨씬 가까워지고 기후 변화도 막을 수 있겠지?

092 수입산 포도는 왜 환경에 안 좋을까?

음식에도 마일리지가 있다는 사실 알고 있니?
식품이 생산된 곳에서 우리 식탁에 오기까지 이동 거리를 푸드 마일리지라고 해.
푸드 마일리지는 적을수록 좋을까, 많을수록 좋을까?

서울 시민이 포도를 구입하게 될 경우 *출처: 서울특별시 식생활종합지원센터

약 111배 차이!

수입산(칠레) — 식품 수송량 1t × 수송 거리 18,358km = 푸드 마일리지 18,358t·km

국내산(상주) — 식품 수송량 1t × 수송 거리 165km = 푸드 마일리지 165t·km

수입산 포도는 외국에서 생산되어 비행기나 배를 통해 우리나라로 들어와.
식품을 운송하는 과정에서 비용과 에너지가 많이 들기 때문에 푸드 마일리지가 많지.
반면, 국산 포도는 우리나라에서 생산되기 때문에 운송 기간이 짧아.
그래서 방부제나 보존제 사용이 줄어들고 포장이 간단해지지.
그만큼 푸드 마일리지가 적어서 훨씬 친환경적이야.
이렇게 푸드 마일리지가 적은 식품을 선택하는 게 좋아.

환경을 위해 지역의 식품을 사 먹도록 권하는 운동을
지역 먹거리(local food) 운동이라고 해. 지역의 식품을 이용하면 농부는
유통 단계가 줄어들어 돈을 많이 벌 수 있고, 소비자는 신선한 농산물을
저렴한 가격에 살 수 있단다!

아직 멀었어? 우리 결국 썩어 버릴 수도 있어.

걱정마. 방부제랑 보존제 많이 챙겼어.

093 건강 — 건전지에 있는 수은이 생선에도 있을 수 있다고?

수은은 건전지, 온도계, 전구 등에 많이 사용되는 물질이야.
그런데 생선에도 수은이 들어 있다고 해. 왜일까?

인간이 바다를 오염시키면서 바다에 수은이 흘러 들어가기 때문이야.
흘러 들어간 수은을 플랑크톤이 먹고,
생선이 플랑크톤을 먹으면서 생선의 몸속에 수은이 쌓이게 되지.
덩치가 크고 강한 생선일수록 수은이 많이 포함되어 있어.

수은은 큰 독성을 가지고 있어서 먹게 되면 여러 문제가 생겨.
특히 뇌 신경계를 다치게 해서 만약 임산부가 수은에 중독되면
태아의 뇌가 손상된대.
한 번 섭취된 수은은 몸 밖으로 잘 나가지 않지만, 다행히 비타민 C가
수은이 몸 밖으로 나가도록 도와주기 때문에 생선을 먹는다면
과일, 채소, 해초류도 많이 먹는 것이 좋단다.

1위 황새치(0.995ppm)
2위 상어(0.979ppm)
3위 왕고등어(0.730ppm)
4위 참치(0.689ppm)

생선별 수은 함량 *출처: 식품의약품안전처

쓰레기

094 바다를 청소하는 로봇이 있다고?

플라스틱 쓰레기를 먹고 죽은 고래 사진을 본 적 있니?
바다에 버려지는 쓰레기 때문에 생물이 다치고 죽고 있어.
이런 해양 쓰레기는 어떻게 치울 수 있을까?

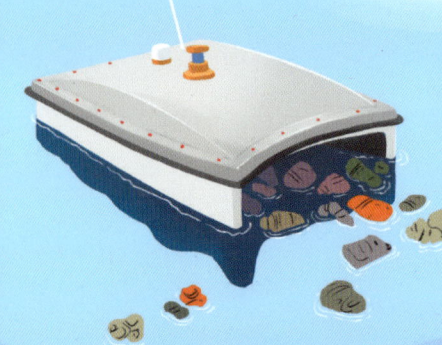

우리나라는 해마다 10만 t 이상의
해양 쓰레기를 건지고 있지만
다 건지기는 어렵다고 해.
해양 쓰레기는 대부분 플라스틱인데,
바다에 놀러왔던 여행객들이 버리고 간 '비닐, 페트병,
식품 용기'와 생선을 잡는 데 사용한 '폐어구, 어망'이
많대. 이렇게 사람들이 아무 생각 없이 버린
쓰레기가 바다에 넘쳐나고 있어.

이러한 문제를 빠르게 해결하기 위해
해양 쓰레기 청소부가 등장했어.
바로 바다 위를 누비며
쓰레기를 수집하는 로봇이지!

해양 쓰레기 종류와 순위(2021)

순위	종류	비율
1위	비닐	14.1%
2위	페트병	11.9%
3위	식품 용기	9.4%
4위	랩	9.1%
5위	밧줄	7.9%
6위	낚시 도구	7.6%
7위	플라스틱 뚜껑	6.1%
8위	산업용 포장재	3.4%
9위	병	3.4%
10위	캔	3.2%

바다 위에 떠다니는 로봇은 페트병 같은 쓰레기를
로봇 앞쪽의 큰 입으로 삼켜 뒤쪽에 달린 그물에 모을 수 있어.
그물에 쓰레기가 다 차면 사람은 그물을 떼어 내 쓰레기를 버리면 돼.
해파리처럼 생긴 로봇은 물 아래에서 수영하며
쓰레기를 수집할 수 있단다!

하지만 로봇으로 청소하면 많은 비용과 에너지가 들기 때문에
무엇보다 바다에 쓰레기를 버리지 않는 게 좋겠지?

095 우주에도 쓰레기가 있다고?

🗑️ 쓰레기

인간이 발사한 우주 비행체는 벌써 1만 2천 대가 넘었다고 해.
그래서 9천 t이 넘는 파편과 수명이 다한 인공위성,
로켓 본체나 부품 같은 쓰레기들이 지구 궤도를 떠다니고 있지.

떠다니는 쓰레기를 그대로 방치하면
다른 위성과 충돌할 가능성이 생겨서 위험해.
이 문제를 어떻게 해결할 수 있을까?

첫 번째, 우주 청소 로봇이 직접 쓰레기를 잡거나
고에너지 레이저로 지구 대기권에
밀어 넣어 불태우는 방법이 있어.
두 번째, 충돌을 피해야 할 쓰레기인지 알려 주는
서비스를 사용하는 방법도 있지.
세 번째, 우주에 있는 쓰레기는 대부분 금속이기 때문에
쓰레기를 채집해서 달의 기지를 만드는 데 활용하면 돼.
이 기술은 현재 개발 중이란다!

다만 이런 기술을 개발하고 활용하는 데에는
엄청난 비용이 필요해서 이 비용을 누가 얼마나 부담할지
협상하는 것이 필요하다고 해.

클리어 스페이스

지구 궤도 안의 우주 쓰레기(2024)

1mm 이상~1cm 미만: 1억 3천 개
1cm 이상~10cm 미만: 1,100,000개
10cm 이상: 40,500개

096 바다에는 왜 풍력 발전소가 많을까?

풍력 발전은 바람의 운동 에너지(회전)를 전기 에너지로 바꾸는 것을 뜻해.
크게 해상 풍력 발전(바다)과 육상 풍력 발전(육지)으로 나뉘어.
육지뿐만 아니라 바다에 풍력 발전소를 많이 짓기 시작했다는데, 이유가 뭘까?

바닷바람이 강해서 육상 풍력 발전보다 안정적으로 전기 에너지를 얻을 수 있대.
또, 육지로부터 멀리 떨어져 있어서 소음이 들리지 않고
시야를 가리지 않아 조망권도 지킬 수 있지.

특히 재생 에너지 분야에서 가장 앞서가는 덴마크는
풍력의 발전으로 만든 전기를 사용하고도 남아서 주위 나라에 팔고 있어.
전 세계의 다른 나라들도 해상 풍력 발전에 적극적으로 나서고 있단다.

사실 해상 풍력 발전소는 처음에 지을 때 비용이 많이 들고
짓는 동안 해양 생태계에 부담을 주기도 하지만,
설치 기간이 짧고 운영 비용이 다른 발전소보다 낮아서 지속 가능한 에너지야.
그리고 해양 생태계에 부담을 덜 주는 기술이 점차 개발돼서
오히려 해양 생태계가 복원되고 있는 사례가 있다고 해.

블레이드 → 증속기 → 발전기 → 발전소 및 소비자

생활 097 과학 기술로 기후 변화를 해결할 수 있다고?

과학의 발전으로 환경 파괴가 굉장히 빨라졌지만,
반대로 과학 기술을 통해 지구를 살릴 수도 있대.
그 이야기 한번 들어볼래?

인공지능은 에너지를 얼마나 사용하는지 예측해서
건물과 기업들의 에너지 사용량을 조절할 수 있어.
그리고 적정 온도를 설정해 놓으면 건물의 난방 시설을 제어할 수도 있지.
그래서 낭비되는 에너지를 절약할 수 있어.

탄소 포집 기술도 빠르게 개발되고 있어.
탄소 포집 기술이란, 이산화 탄소를 모아서 저장하거나 활용하는 기술을 뜻해.
이 기술을 활용하면 대기 중의 이산화 탄소가 줄어들어
기후 변화를 막는 데 도움을 준단다.

모은 탄소는 탄산음료, 드라이아이스, 의약품에도 사용 가능!

하지만 아직은 가격이 너무 비싸서
보급이 어렵다는 단점이 있어.
저장된 탄소는 지진이나
화산 폭발이 일어나면
다시 대기로 나올 수도 있지.
그래서 가장 중요한 건
이산화 탄소 배출량을 줄이는 거야.

098 우리나라에 식량이 부족해진다고?

우리나라에 식량이 충분하지 않아서 사람들이 굶주리는 식량 위기가 올 수도 있대.
마트에는 음식이 넘쳐나는데 이상하지 않니?

식량 위기는 식량 자급률과 관련되어 있어.
식량 자급률은 국가가 스스로 생산할 수 있는 식량의 비율이야.
식량 자급률이 낮을수록 식량을 많이 수입한다는 뜻이지.

식량을 많이 수입하면 수입 농작물의 가격에 영향을 받아.
수입 농작물이 비싸지면 소비자들은 더 비싸게 사야 하기 때문에
점점 음식을 구하기 어려워지지.

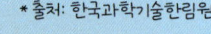
*출처: 한국과학기술한림원

※식량 자급률:
사료용 곡물을 제외한 자급률

※곡물 자급률:
사료용 곡물을 포함한 곡물 전체 자급률

농작물의 가격은 여러 가지 이유로 변하는데,
최근에는 기후 변화로 가뭄과 같은 자연재해가 증가해서
농작물의 가격이 요동치고 있대.

식량 위기가 오지 않게 하려면 식량 자급률을 높이는 게 좋아.
식량 자급률을 높이려면 국산 농작물을 많이 사 먹어서 농사를 많이 짓도록 해야 해.
정부에서 농사 지을 땅과 돈을 농부에게 지원하는 것도 중요하지.
가장 중요한 건 기후 변화가 생기지 않도록
우리 모두 탄소를 줄이기 위해 노력해야 해.

지구를 지키는 직업이 있다고?

현명한 소비자가 되는 것에서 더 나아가
환경을 지키는 방향으로 진로를 고민하는 친구들이 있을 거야.
어떤 직업이 있는지 알아볼까?

환경과 지구를 지키는 직업은 우리 주위에 아주 많아.

우선 지구 환경의 현실과 문제점,
해결 방안을 알려 주는
선생님, 기자, 활동가,
작가, 크리에이터가 있어.

그리고 씨앗과 식물, 동물을 연구하는 생물 전문가와
지속 가능한 농업을 연구하는 농업 전문가,
숲에 대해 교육하거나 나무를 관리하고 치료하는
산림 전문가가 있지.
대체 식품과 배양육 등
미래 식량을 연구하는 식품 연구원과
식물성 식품을 만들고 판매하는
요리사와 요리 연구가도 있단다.

그리고 에너지가 적게 나오도록 건축물을 연구하고 설계하는 건축 전문가,
탄소 중립 도시를 위해 계획하고 설계하는 도시 전문가,
기업과 국가 간의 탄소 배출권 거래 등을 조언하는 경제 전문가가 있어.

환경미화원부터 폐기물 선별원,
폐기물 수집 및 운반 기사, 소각 전문가,
폐기물 활용이나 친환경 소재를 연구하는
자원 순환 전문 연구원도 있지.

뿐만 아니라 수질, 흙, 대기, 소음 등
여러 오염을 해결하는 환경 공학 연구원도 있고,
폐기물로 새 제품을 탄생시키는
업사이클링 디자이너도 있어.

태양광, 풍력, 수력 발전 등 재생 에너지를 설치하고 관리하는
재생 에너지 기술자, 새로운 재생 에너지 기술을 개발하고 연구하는
재생 에너지 연구원, 기후 변화를 예측하는 기후 전문가도 있단다.

기후 변화로 인한 전염병과 여러 온열 질환에 대비하는 의료 전문가,
기후와 생태 문제에 관련된 정신 건강을 관리하는 기후 심리 전문가,
기후 관련 법을 만들고 정책을 제안하는 법률 전문가도 있어.

이렇게 지구를 구할 수 있는 다양한 직업이 있어.
앞으로 더욱더 필요해질 직업이지. 어떤 직업에 관심이 생기니?

129

100 지구 온난화를 반기는 사람이 있다고?

기후 변화가 계속되어 지구의 평균 기온이 오르면 어떤 일이 발생하는지 알고 있지?
북극의 육지 빙하가 녹아서 해수면이 점점 상승하게 돼.
그런데 이 소식을 반기는 사람이 있다고 해. 누구일까?

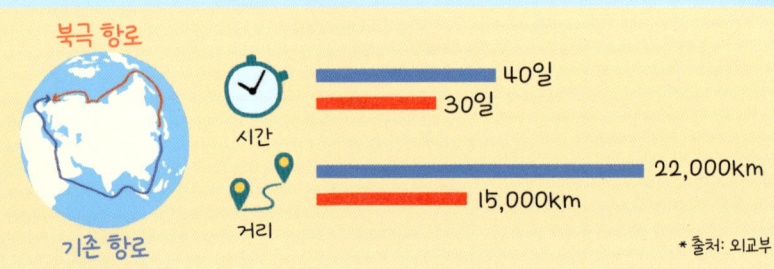

기존 항로와 북극 항로의 차이점 (우리나라 → 네덜란드 수출)

북극 항로 / 기존 항로
시간: 40일 / 30일
거리: 22,000km / 15,000km
*출처: 외교부

"온도가 따뜻해지니까 얼음을 깨고 나갈 필요가 없네."

"그러게 말이야."

물건을 수출하고 수입할 때 보통 배와 비행기를 이용해.
배로 물건을 운송할 때는 북극 항로를 지나야 하는데,
이때 얼음을 부수고 뱃길을 내는 쇄빙선을 이용해
얇은 빙하를 깨면서 지나가야 하지.

그런데 최근 북극해의 빙하가 많이 녹아서 수월하게 지나갈 수 있게 되었어.
더워진 날씨에 북극 항로가 열린 셈이지.
덕분에 더 빨리 물건을 싣고 나를 수 있게 되어서
운송이 오래 걸리는 단점이 줄어들었어.
운송하는 시간이 줄어든 만큼 비용도 줄어들기 때문에
해운업 쪽에서 관심을 많이 가지고 반기기도 했단다.

하지만 마냥 좋아하기는 어려워.
북극의 육지 빙하가 녹으면 물에 잠기는 섬과 도시가 늘어나서
기후 난민이 생기기 때문이야.

참고 자료

029 | 기후 기후에도 불평등이 있다고?
- 옥스팜 코리아 (2020). 탄소 불평등에 직면하다. URL: https://www.oxfam.or.kr/237/?idx=187

036 | 음식 지구를 지키는 음식은 무엇일까?
- Poore, J., & Nemecek, T. (2018). Reducing food's environmental impacts through producers and consumers. Science, 360(6392), 987-992.

045 | 건강 내 몸에 플라스틱이 있다고?
- Boucher, J. and Friot D. (2017). Primary Microplastics in the Oceans: A Global Evaluation of Sources. IUCN.

056 | 기후 투발루 사람들이 집을 잃었다고?
- IDMC (2024). Global Report on Internal Displacement 2024. URL: https://www.internal-displacement.org/global-report/grid2024/

059 | 음식   채식주의자도 먹는 고기가 있다고?

- Poore, J., & Nemecek, T.(2018). Reducing food's environmental impacts through producers and consumers. Science, 360(6392), 987-992.

081 | 쓰레기   가나 강이 옷으로 뒤덮였다고?

- WITS. Worn clothing and other worn articles exports by country in 2021. URL: https://wits.worldbank.org/trade/comtrade/en/country/ALL/year/2021/tradeflow/Exports/partner/WLD/product/630900

094 | 쓰레기   바다를 청소하는 로봇이 있다고?

- Niall McCarthy (2021). Plastic Items Dominate Ocean Garbage. statista.
- Carmen Morales-Caselles et al (2021). An inshore-offshore sorting system revealed from global classification of ocean litter. Nature Sustainability, VOL 4, 484-493.

095 | 쓰레기   우주에도 쓰레기가 있다고?

- ESA (2024). ESA'S ANNUAL SPACE ENVIRONMENT REPORT. URL: https://www.sdo.esoc.esa.int/environment_report/Space_Environment_Report_latest.pdf

찾아보기

ㄱ
가뭄 … 32, 75
가상 국가 … 79
감염병 … 32
갯벌 … 102
거대 조류 … 48
경제 … 44
과불화 탄소 … 20
광합성 … 13, 65
국산 … 120
국제 연합(UN) … 74
그린워싱(greenwashing) … 84
기부 … 109
기술 … 78
기후 … 12, 116
기후 난민 … 79, 130
기후 변화 … 45, 46, 47, 50, 51, 74, 75, 79, 88, 125, 127
기후 위기 … 47
기후불평등 … 47
꿀벌 … 81

ㄴ
나이테 … 112
날씨 … 12

ㄴ(남)
남극 … 30, 33
냉매 … 21
농약 … 57, 81
농업 … 63

ㄷ
단열 페인트 … 51
대륙 빙하 … 17
대멸종 … 33
대장균 … 100
도도새 … 43
디지털 탄소 발자국 … 28

ㅁ
매립지 … 22
메테인가스 … 20, 38, 39, 50, 95
멸종 … 32, 43
멸종 위기종 … 117
모기 … 45
못난이 농산물 … 50
물 … 90
물 발자국 … 27
미세 먼지 … 26, 53, 55, 58, 59, 67, 83
미세 플라스틱 … 61, 66
미세 조류 … 48

ㅂ

바다 사막 … 65
바다숲 … 65
바다식목일 … 65
바이러스 … 68
바이오 에너지 … 54
바이오가스 … 25
발암 물질 … 59
방귀 … 38, 39
방사성 물질 … 83
배양육 … 69
백열등 … 41
복원 … 124
북극 … 33
북극 항로 … 130
분리배출 … 35, 86, 96, 98
비닐하우스 … 114
빙산 … 16
빙하 … 16, 33
빙하기 … 112
빛 공해 … 42

ㅅ

사막 … 62
산악 빙하 … 17
산업 폐기물 … 22
삼불화 질소 … 20
새활용 … 98
생물 다양성 … 111
생태계 … 26, 65, 93, 124

생활 폐기물 … 22
서식지 … 111
석유 … 44, 118
석탄 … 26
세계보건기구 … 59
세균 … 100
세금 … 39
소각 … 86
소각 시설 … 22
소비 … 27, 106
소비자 … 126
소음 … 110
수력 에너지 … 54
수소 … 118
수소 불화 탄소 … 20, 21
수은 … 121
수입 … 108
수입산 … 120
수질 오염 … 93
수출 … 108
스마트팜 … 63
스카이 글로(sky glow) … 42
스트레스 … 61
식량 … 78
식량 위기 … 126
식량 자급률 … 126
식물성 재료 … 82
식중독 … 100
쓰레기 … 22, 70, 96, 108, 123

ㅇ

아동 권리 … 46
아산화 질소 … 20, 39
아열대 기후 … 31
암 … 87
양성 되먹임 현상 … 15
업사이클링(upcycling) … 99
에너지 … 40, 51, 78
열대 우림 … 85
열에너지 … 25
오존 … 76
오존층 … 21, 76
온실 효과 … 19
온실가스 … 19, 20, 38, 52, 68, 82, 83, 88, 116
온실가스 배출권 거래제 … 104
옷 … 107
원자 … 13
원자력 발전 … 83
유기농 … 57
유통 … 27
육불화황 … 20
음식물 쓰레기 … 24, 93
이산화 탄소 … 14, 20, 30, 35, 60, 65, 68, 102, 104
인공섬 … 80
인공조명 … 42
인공지능 … 28
인공지능 로봇 … 63
인구 … 78
인권 … 27, 46

ㅈ

자연재해 … 127
자원 … 78
자원회수시설 … 22
재사용 … 71, 98
재생 에너지 … 26, 29, 44, 54, 63, 64
재활용 … 22, 29, 71, 86, 99
저인망어업 … 70
전기 … 103
전기 에너지 … 25
전염병 … 45
전자 기기 … 89
전자 제품 … 89
전쟁 … 33, 88
절수형 … 40
정부 간 기후 변화 협의체(IPCC) … 74
제철 … 115
조력 발전소 … 103
중고 … 106
중금속 … 26
지구 온난화 … 44, 81, 130
지렁이 … 92
지역 먹거리(local food) 운동 … 120
지열 에너지 … 54
직업 … 128
집중 호우 … 32

ㅊ

차열 페인트 … 51
채식 … 82, 106
천연가스 … 118
철새 … 111
초미세 먼지 … 67
친환경 … 26, 57, 84
친환경 에너지 … 118

ㅋ

캠페인 … 37, 71
코로나19바이러스 … 45

ㅌ

탄소 … 13, 44, 55, 97
탄소 중립 … 34, 60, 64
탄소국경조정제도 … 105
태양 에너지 … 14, 54
태양광 발전소 … 64
텀블러 … 52
투자 … 106
트림 … 39

ㅍ

팜유 … 85
팻버그 … 18
폐기물 … 36, 55, 89
폐기물 에너지 … 54
폐의약품 … 23
폭염 … 47

푸드 마일리지 … 120
풍력 발전소 … 124
풍력 에너지 … 54
프레온 가스 … 76
플라스틱 … 66, 98, 107, 122

ㅎ

한파 … 32, 47
해수면 … 130
해양 에너지 … 54
해조류 … 48, 65, 82, 121
핵연료 … 83
형광등 … 41, 42
화석 연료 … 53, 58
화학 물질 … 87
화학 비료 … 56
환경 … 115
환경 단체 … 106
환경 오염 … 36
환경 호르몬 … 61, 87
환기 … 59
황사 … 58, 62

기타

ESG 경영 … 97
LED등 … 41
RE 100 … 55